美食鉴赏20讲

傅骏 著

江苏凤凰文艺出版社
JIANGSU PHOENIX LITERATURE AND
ART PUBLISHING

果麦文化　出品

目录

序言

经常有朋友约我吃饭，并且请我在餐桌上讲讲"什么是美食"。之前这对我来说纯粹是业余爱好，觉得既然花了这么多钱在这上面，总要搞清楚里面的"花样经"。后来我受邀出任上海海派菜文化研究院院长，算是"从劳动模范走上领导岗位"，愈发要钻研业务了。

我有两位好朋友，"罗胖"罗振宇和"花姐"脱不花。他俩来上海，必定与我一起吃吃喝喝聊聊。2020年疫情之初，他们请我在"得到"上讲讲美食，这就有了《美食鉴赏15讲》系列课程。

"得到"上的这门课程上线三年了，评分4.9，大受欢迎。但我发现还有很多应该讲却没有讲的，抑或没有讲清楚的。这次我把它增补为此书——《美食鉴赏20讲》，最后一讲《食材是起点，余韵是终点》集中体现了我对美食鉴赏的突破性理解。

推导出"余韵"这一概念，我的美食鉴赏理论的逻辑体系才趋于完整，各位读者也就会更加容易感知并判断"什么是美食"。

我觉得，这世界上只有两种饭：一种是为了吃饱续命的饭，一种是为了享受人生的饭。或者换一个说法：是为了活着而吃饭，还是为了吃饭而活着。

这本小书，看似讲述吃吃喝喝，实际讲述如何感知世界和生命的美好，享受属于自己的这一段人生旅程。

"享受"这个词，《现代汉语词典》里的解释是："物质上或精神上得到满足。"但你知道，想得到这种满足，需要我们的器官去感受，我们的大脑去判断，这是一种能力。它并非与生俱来，而是需要后天不断学习才能获得的。

我这本书，目的就是：帮你提高感官的分辨率，完善对美食的认知体系。让你花同样的钱，吃同样的东西，获得更高的享受。

举个例子，《西游记》第二十四回，孙悟空偷来的人参果，三千年开花，三千年结果，三千年成熟。这九千年的美味，分给猪八戒一个。猪八戒一口吞下去，愣是没吃出它好在哪儿。

再举一个相反的例子。绿皮火车的年代，有一个传说，说一个上海人，能把一只大闸蟹从上海吃到北京，还喝了两瓶老酒。当时全国人民拿这个故事，挤对上海人小气。而上海人却觉得，你们根本不懂如何享受生活。

我这本书，不敢讲人参果，因为我自己也没有吃过。但我能讲八大菜系、鲍参翅肚、大黄鱼、大闸蟹、松茸和松露；我还能讲猪牛羊肉、青菜豆腐、米饭和卤味。这些我都吃过，贵有贵的门道，便宜有便宜的好处。如果你真的懂鉴赏，懂生活的美好，那其实与钱多钱少，并没有太大关系。

中国历史上，从来没有一个时代像我们今天这样，食物极为丰富。全国各地甚至全世界各地的美味佳肴，我们可以去饭店吃，也可以叫外卖送到家；不仅家门口的菜市场里有很多当地特有的食材，通过电商也能买到各样好吃的；我们还可以到处旅行，直接品尝各地的风味美食。

在"吃"这个项目上，中国肯定是全世界最发达的国家之一。但是，我们也遇到了前所未有的挑战：面对来自世界各地的、远远超出我们个人经验的食物，究竟该吃什么？又应该怎么吃呢？

前几年待在家里，我把收藏的两百多本中外美食著作重读了一遍。我发现，古往今来，全世界的美食家大致可分为两类：一类是作家型的美食家，一类是学者型的美食家。前者运用文学性的手法，描述他对美食的个人感受；后者运用公理化的系统，阐述他关于美食的认知体系。

中华民族是一个感性的民族。与美食有关的文字，散落在各种古代诗歌、散文、小说之中，浩如烟海，集大成者就是《红楼梦》。相对应的，现代的很多大美食家，也都是大作家，譬如梁实秋、汪曾祺、陆文夫等。

公理化阐述美食的作者，大多是西方人。咱们清代的袁枚（1716—1797），大约在二百五十年前写了一本《随园食单》，这是中国第一部接近系统化的美食著作。但此后，几乎就没有类似的著作再现。

我年轻的时候，从事文化人类学研究，研究对象是大兴安岭的鄂温克人狩猎部落。我在四年中连续去了三次，最长的一次是在1989

年，我在那里做了近一年的田野调查。这段经历使我获得了有关"狩猎和采集"的丰富经验，构成了我美食鉴赏理论的基础。因为如果按照严格的学术划分，"什么是美食"也是人类学研究的课题之一。

鉴赏美食，就和鉴赏音乐、绘画一样，是一种审美体验。黑格尔在他的名著《美学》中说："美是理念的感性显现。"意思就是，审美活动背后需要一套概念以及理论来支撑。

如果把人脑比作一台电脑，其中舌头感知味觉，口腔感知触觉，鼻子感知嗅觉，是硬件系统。那么，我们对美食的理论认知，就是操作系统，是软件。

在这本书里，我会运用一套简洁的理论和丰富的论据，把你带入精彩纷呈的美食世界。换句话说，就是为你的大脑安装一套鉴赏美食的操作系统，让你能更敏锐地感受人间的幸福。

食物的美味来自大自然。我们从中感受春夏秋冬，时光流转；感受生机勃勃，生命绽放，身体和心灵都因此得到滋养。

我们享受美食的过程，就是对生命的礼赞！

01 食材是美食鉴赏的原点

序言里说，这本书的目的，就是为你的大脑安装一套鉴赏美食的操作系统，让你能更敏锐地感受人间幸福。

这第一讲，我先讲清楚，我的这套美食鉴赏理论，是如何构建起来的，核心概念又是什么。

会吃，就是懂得欣赏美食。和欣赏音乐、绘画一样，这是一种审美体验。正如序言中所引的黑格尔的观点："美是理念的感性显现。"我们的脑子里要先有一套"什么是美或者不美的标准"，这是审美的前提。以这套理念为依据，再去判断是美的还是丑的。

欧美人以肌肉明显、线条匀称的身材为美，故热衷于健身。但古代中国的儒家思想认为，衣不蔽体者皆为野蛮人，丑陋不堪。这一审美分歧源自其背后的理念不同。古希腊人认为人类与神明同构：裸露的、健美的身体既是对神明的敬献，又是对人类自身尊严的展示。这就是西方人体美背后的理念，而古希腊人的雕塑正是这种理念的感性显现。

我国黄山上有一棵大松树，名字叫迎客松。中国人都觉得它很美，甚至是中华民族的一种文化形象。你们想过这是为什么吗？中国传统文化中，"松竹梅，岁寒三友"，象征品格高尚，忠于友谊。黄山这棵松树，高大舒展，如同张开的双臂，欢迎来自远方的朋友。它被制作成巨幅铁艺画，悬挂在人民大会堂的安徽厅，多位领导人都曾以这幅巨画为背景，接见世界各地的政要。这棵松树，就此成为国家精神的一种象征。可见，我们觉得黄山迎客松美，其背后是有一套理念在支撑的。

我们如果要构建这样一套理念，它的理论范式，就是公理化的方法系统：从一个或几个理论原点出发，根据一定的逻辑规则，演绎出一个完整的理论体系。目前为止，人类诸学科，都是用这个范式建立起来的。我们平时说的"科学还是不科学"，主要就是看其是否符合公理化的方法系统。

既然是构建理论，理论原点就至关重要。没有原点，就构建不起理论；原点错了，理论也就不成立了。这个原点，有多种叫法：不证自明的公理、概念定义、基石假设、第一性原理等。这就好比盖大楼的地基，地基不稳，大楼也就建不好！

根据公理化的思维模型，研究不同的美食家，就会发现他们各有各的理论体系；不同的理论体系，有不同的理论原点。

我的好朋友陈晓卿导演有一句名言："比菜更好吃的，是人。"从《舌尖上的中国》到《风味人间》，他拍的是美食，打动观众的，却是背后的人。他的纪录片每一章的结尾，都是人们拿着食物，露出发自内心的笑。所以，陈导的美食认知体系的原点就是"人物"。

再说中国另一位著名美食家董克平老师。他一年要飞两百多天，奔赴全国各地的著名餐厅，品鉴美食，发表评论。我曾当面询问董老师美食认知体系的原点，他毫不犹疑地说：是厨师的"技艺"。

而我的美食认知体系的原点是：食材。对我来说，食材不好，就不能算是美食。

为什么特别强调食材呢？理由有三条：

第一，大多数人主要在自己家里吃饭，家常菜只要食材好，简单烹饪就很好吃。懂得什么是好食材，就能让自己和家人更幸福。

第二，关乎健康。很多现代疾病跟饮食习惯有关，食品安全问题让人担忧。为了自己和家人的身体健康，应该尽量多吃优质、天然的食材。

第三，如今可供我们选择的食材实在太多太多，这是时代的红利，不该错过。

下面是 1949 年、1972 年和 2014 年三场国宴的菜单，我们可以借此看看中华人民共和国成立几十年来，中国人餐桌上的食材变化。

菜单一：1949 年 10 月 1 日，开国大典，北京饭店晚宴菜单。

冷菜四种：酥烤鲫鱼、油淋仔鸡、炝黄瓜条、水晶肴肉；

头道菜：燕菜汤。

热菜八种：红烧鱼翅、烧四宝、干焖大虾、烧鸡块、鲜蘑菜心、红扒秋鸭、红烧鲤鱼、红烧狮子头。

第二道和第三道热菜之间上四种点心：咸点两种——菜肉烧卖、

淮扬春卷；甜点两种——豆沙包、千层油糕。

1949 年的国宴，原材料是大鱼大肉、整鸡整鸭；烹饪方式是重油、重酱、重糖。可见当时物资匮乏，生活艰难。开国元勋们和各界著名人士欢聚一堂，但他们那时吃的东西，现在看来都太油腻了。

菜单二：1972 年 2 月 21 日，美国总统尼克松访华，人民大会堂国宴。

冷菜大拼盘：黄瓜拌西红柿、盐封鸡、素火腿、酥鲫鱼、菠萝鸭片、腊肉、腊鸭、腊肠、三色蛋。

热菜六种：芙蓉竹荪汤、三丝鱼翅、大虾两吃、草菇盖菜、椰子蒸鸡、杏仁酪。

点心六种：豌豆黄、炸春卷、梅花饺、炸年糕、面包黄油、什锦炒饭。

1972 年的国宴，荤素搭配，口味清淡，做工精巧。但老实说，这种程度的菜，现在北京任何一家中型饭馆都能搞定。

菜单三：2014 年 5 月 20 日，上海第四届亚信峰会晚宴。

冷菜六种：青豆泥、橄榄仁、辣白菜、甜扁豆、灯影银鱼、葱油双笋。

热菜六种：双味龙虾球、煎焖雪花牛、夏果炒鲜带、豉香比目鱼、丝瓜青豆瓣、松茸花胶汤。

点心三种：印糕、葛粉卷、四喜素饺。

甜品三种：芒果布丁、黑森林蛋糕、原味冰激凌。

2014年的国宴，食材有新鲜松茸、雪花牛肉和各种深海鱼虾，这些都不是上海本地食材，三种甜品也都源自西餐，整场宴会的食材来源更加全球化。

从这三场国宴的变迁，你能看到，现在的食材比以前多太多。尤其是随着长距离运输、保鲜技术和电商、新零售的发展，国宴的食材，今天我们在自己家里就能吃到！

"食材"是我美食鉴赏理论的原点，从此出发，傅师傅得出了三条推论：保留与还原；搭配与平衡；提升与优化。经由这三种方法，"优质的食材"就能变成"美妙的食物"。

一、保留与还原

最好的例子是中国人对活鱼的处理方法。在我看来，西餐的鱼远远没有中餐的好吃，是因为老外不懂清蒸。

全中国最懂蒸鱼的是广东人。粤菜馆子里，总厨之下工资最高的，就是负责蒸鱼的师傅。一条火候刚刚好的广东蒸鱼，大骨边上微微泛红。这时，鱼肉恰好断生，肉质鲜甜，口感轻灵，有一种"飘"的感觉。如果没有尝到过这种感觉，那你之前的清蒸鱼都算白吃了。

我有一个习惯，遇到之前没有尝试过的新食材，先用水煮或清蒸，甚至直接切一块生吃。优质食材的原味最宝贵，只有真正了解它原本的味道，才能知道用什么方法料理它最为合适。

二、搭配与平衡

各种食材本来就有各自独特的味道、质感和香气。如果彼此搭配得好，就会创造奇迹，譬如：西红柿炒鸡蛋、重庆辣子鸡、京酱肉丝配葱丝卷豆皮。有些特别奇妙的搭配组合，就是一道流芳百年的名菜。

就拿我们上海的"腌笃鲜"来说。"笃"是上海方言，指的是小火慢煮一会儿，就是"笃忒一歇"。这道菜既要喝汤又要吃肉。一锅上等腌笃鲜，其实是一份高汤火锅：先用老鸡或老鸽吊高汤，然后一定要按照次序，先放鲜肉，再放咸肉，最后放春笋和百叶。

"笃"到口感刚刚好的腌笃鲜，食材与汤底纠缠在一起，各有各的层次，各有各的风味，丰富无比，鲜美无比。但如果这汤是各种食材一起下锅、一股脑炖出来的，那么这些食材就会变成汤渣，这锅上海"腌笃鲜"，就变成了上海"乱炖"。

腌笃鲜

三、提升与优化

上面讲的广东蒸鱼，是还原食材原本的味道，破坏得越少越好；上海腌笃鲜，讲究不同食材之间该如何搭配。

还有一大类食物，是通过人为技术让食材的风味得到优化与提升，比它原来好出很多很多倍，譬如：金华火腿、蓝纹奶酪、台湾乌鱼子。

你可能觉得这些食材都太贵了，那我给你讲一种价格便宜到令人难以置信，味道却非常神奇的食材——天津冬菜。用它烧菜、烧汤、拌馅，荤素百搭，几乎样样都好吃，一罐 300 克的天津冬菜只要十多元，比买一棵大白菜还便宜。

以上就是食材变食物的三种方法。在这之后，我们还要考虑如何将很多食物组合成一桌宴席，以及怎样匹配酒水饮料。在后续的章节中，我会结合实际的例子讲解以上理论，让你发现，看似复杂难懂的美味佳肴，背后也可以有很简单的答案。

　　这就是我的美食认知体系，总结一下：**美食的根本是食材要好，然后采用保留与还原、搭配与平衡、优化与提升等手段或方法，把优质食材的特性发挥到极致，使之变成美妙的食物。**

　　当然了，我的体系，逻辑虽然自洽，但并不能涵盖全部。热爱美食的朋友，不妨多研究、学习其他美食家的认知体系，融会贯通，形成独属于自己的美食观。

02 怎么吃，才算真的会吃？

上一讲说到，我的美食认知体系的原点是优质的食材。但食材必须变成食物，食物必须被吃下去，才能完成审美过程。

如果遇到一样美味，你知道该怎么吃吗？真会吃吗？且让傅师傅给你拆解一下，什么是美食的正确打开方式。

先用眼睛看它长啥样子，再把它放到嘴边，用鼻子闻闻气味，用嘴唇试试温度；接着送进嘴巴里，牙齿慢慢咀嚼，舌头慢慢搅拌；各种滋味咂吧够了，才咽下喉咙。这样就完了吗？还没。请把嘴巴闭起来，把气味送到鼻腔，仔细回味。最后，落肚为安。

为什么要这么吃？除了细嚼慢咽对身体好，更重要的是，要将身体各器官运用到极致，充分感受美食。这可是有现代认知科学支持的。

如果把我们人体设想为数字设备，那些由理念构成的美食认知体系就是软件，或者叫操作系统，而我们感受美食的各个器官就是硬件。硬件把它所感知到的各种信号传递给大脑，再通过已经预装的操作系统，来判断是不是好吃、算不算美食。

传统中国文化对美食的评判，概括为四个字：色、香、味、形。因为古人对人体构造及其工作原理的理解相对粗浅，很难仅从这四个字展开并深入。这一讲，我将从现代科学的视角切入，捋一捋，人体都是用哪些硬件来感知美食的。

现在很多人会强调食物的"颜值"。但我觉得，享受美食，主要还是一种味觉艺术的审美过程。在我的美食认知体系里，只关注复杂的刀工和花式的摆盘是最不可取的。因为这是本末倒置，违背了我"以食材为原点"的美食观。傅师傅觉得：真的好吃，自然就会好看；仅仅好看，但不好吃，就算不得美食。

不谈好看难看，我们人体主要通过味觉、嗅觉、触觉这三大感觉系统感知美食：先由神经网络将感官感知到的信号传递给大脑，最后由大脑对之形成判断。

味觉感受味道，触觉感受质地，嗅觉感受气味。三者相加，便是"风味"，即，鉴赏美食的感觉总和。

味觉系统，对应味道

首先，物质只有溶解于水，才会滋生味道；不溶于水的物质，就没有味道。慢慢嚼，让口腔分泌唾液，既有助于吞咽食物，也有助于食物释放各种味道。我们看到好吃的，"口水流了一地"，就是本能的人体反应。

其次，人类的舌头上分布着大约八千到一万个味蕾，可以感受到甜、酸、苦、咸、鲜五种味道。

顺便说一句，辣味，不是由舌头感知到的味觉，而是口腔黏膜感知到的痛觉。拿糖或盐擦拭皮肤，皮肤没有感觉；但拿辣椒擦拭皮肤，皮肤就会有烧灼感。涩味也是类似的，它是口腔黏膜的蛋白质被凝固、神经末梢被刺激而引起的收敛感。辣和涩，都属于皮肤的触觉，而不是舌头的味觉。

在人类漫长的进化史中，味觉主要是用来帮助我们汲取营养和保护生命不受伤害，而非用来品尝美食。甜味、咸味、鲜味，这三种味道是好的，分别对应人体必需的糖类、电解质和蛋白质。自然界中，酸味往往来自未成熟或者已经腐败的食物，苦味则可能是有毒的生物碱，大多是有害的。小孩子的味蕾最敏感，他们都不喜欢酸味和苦味。

近年来的研究证明，人类还有第六种味觉，就是脂味。它对应人体所必需的另一种营养物质：脂肪。在世界各地，人们觉得最好的食物，几乎都是"动物油脂 + 主食"。"动物油脂 + 主食"，是不是让你口水流了一地？

研究表明，我们的胃、小肠和胰脏也能感受到食物的味道。吃到好东西，肠胃会感到很舒服。对此，上海话里有一个专用词，叫"落胃"——落到胃里，感到很舒服，这是一种幸福美好的感受。落胃！

甜、酸、苦、咸、鲜、脂，这六种味道里，我最喜欢鲜和甜。

我年轻时做文化人类学研究，曾在大兴安岭敖鲁古雅的鄂温克猎民部落住过一年。当地很冷，新鲜的鹿肝，放在雪地里微微冻过，用勺挖着吃，像冰激凌一样，鲜甜无比。

鲜甜味是所有优质新鲜食材的共同特征。上海人对食物的最高评价是"鲜"。为了提鲜味，我们做菜还会加一点糖。广东人对食物的最高评价则是"甜"。这并不是加了糖的甜味，而是优质的食材自带的天然味道。"好甜！"广东人是这样赞美优质食材的。这种认知水平很高，值得我们学习。

触觉系统，对应口感

嘴唇、牙齿、舌头、口腔、咽喉，人的咀嚼系统，主要是为了帮助消化食物。但同时，这些器官有丰富的触觉，能够感受食物的质地。我们对食物质地的综合感受，就是口感。

祖国的语言文字博大精深，有丰富的词汇描述食物的质感。我整理出了六组反义词，恰好能从六个维度解释我们的口感：

冰凉和滚烫：冻可乐冰凉，涮羊肉滚烫

细腻和粗糙：红豆馅细腻，杂粮饭粗糙

软烂和爽脆：烧土豆软烂，拍黄瓜爽脆

酥松和紧实：炸鸡翅酥松，酱牛肉紧实

清淡和浓郁：清蒸鱼清淡，红烧肉浓郁

润滑和黏稠：莼菜羹润滑，佛跳墙黏稠

高明的厨师，对各种食材和烹饪技法有深入的研究，懂得如何制作各种口感丰富的美味佳肴。有一个规律，厨师越厉害、饭店越高级，出品菜肴的口感就越复杂。譬如北京烤鸭，鸭皮酥松，鸭肉细腻，作为配料的葱段爽脆、蘸酱浓郁。这就是平常说的功夫菜。我们自己在家里很难做出来，所以必须去饭店吃。

你肯定听过一个形容美食的词叫"入口即化"。为什么"入口即化"就好吃？那是形容脂肪在口腔中从固体变成液体的过程。人类漫长的进化史中，脂肪是富含高热量的稀缺物质，所以口含脂肪并让它溶化的感受，成为铭刻在人类记忆中的最美好的口感。

嗅觉系统，对应气味

虽然东西是嘴巴在吃，但研究表明，我们对食物的总体感受，超过75%都来自嗅觉。我们形容食物总体感受的词语就叫"风味"，由此可见气味的重要性。

有一个小实验，你自己也可以试试。口含一颗水果糖，捏住鼻子，你就会觉得嘴里只有甜味，跟吃白砂糖没什么区别；放开鼻子，各种香气马上就会涌现，你顿时感觉这块糖好吃了很多。

我们的嗅觉系统，分成鼻前和鼻后两种感受。鼻前就是没有吃东西之前，直接用鼻子闻到的味道。鼻后味很奇妙，一般人不知道。我们的咽喉上方还有两个通向鼻腔的隐秘小孔，平时是关闭的，只有把食物吞咽下去的过程中才会打开。此时，经过充分咀嚼的食物，在恒定的口腔温度下，释放出更充分浓郁的气味，传到鼻腔，被嗅觉细胞捕捉，瞬间将信号传递到大脑。

所以，当这一口食物味道好，大脑会迅速判断并给予鼓励，就会不自觉发出"嗯"的一声。这是主动放大鼻孔吸入更多的空气，让更多好闻的味道传到鼻腔中，让大脑获得更多享受。

"嗯"——这是全世界各族人民的共同语言，是人类对造物主赐予生命的最高礼赞。

最后总结一下，傅师傅把吃东西的体验过程，提炼成以下八个步骤：眼睛看、鼻子闻、嘴唇亲、牙齿咬、舌头搅、喉咙咽、回味"嗯"、落胃安。这么吃，才叫真的会吃。

美食鉴赏，不是为了吃饱，而是为了感受生命的美好，所以我们必须更加了解、不断开发自己的感受能力。

03 八大菜系，是什么情况？

我们都知道，中国有八大菜系，但很少有人能把这八大菜系记全。有一天早晨醒来，我脑子中忽然出现一张中国地图，上面有两条线，闪闪发光，让我一下就搞明白了八大菜系。

这两条线，分别是靠海和沿江。中国海岸线，从南往北：广东粤菜、福建闽菜、浙江浙菜、江苏苏菜、山东鲁菜，一共五个。中国长江，由东向西：江苏苏菜已经讲过，然后是安徽徽菜、湖南湘菜、四川川菜，一共三个。

靠海、沿江，正好八大菜系。这八个地方，有山有水，四季分明，是中国物产最丰富的地方，也是中国近代史上经济文化最发达的地方，所以诞生了这八个伟大的菜系。

八大菜系，在各自的区域里，还有很多细分。同时，这八大菜系，还影响了其他地区的菜肴风味。总而言之，今天我们汉族的各种地方菜系，基本都是依附在这个框架体系之上的。

为什么只有这八大菜系，不可以上位更多？傅师傅又发现了一个规律：所谓大菜系，就是在春夏秋冬四季都各能拿出一桌宴席。这一桌宴席，必须用本地、本季的食材，用本菜系的烹饪方法，并且食材和烹饪方法都不能重复。

按这个规律，除了这八大菜系，还有谁敢说自己是行的？上海显然不行，西安和武汉也不行，北京更不行。别看北京是许多方面的中心，但肯定不是美食中心。老北京除了涮羊肉和烤鸭子，拿不出一桌像样的宴席，更不用说一年四季了。

傅师傅吃遍八大菜系，每一个菜系讲一道我最喜欢的菜，顺便把各大菜系的特点给捋一下。

粤菜：太史蛇羹

太史蛇羹的创始人是江孔殷，他父亲是清末民初的广东巨富。1904 年，江孔殷四十岁，在中国历史上最后一届科举考试中及第进士，入籍翰林。广东人把翰林尊称为"太史"，故称江孔殷"江太史"。

江太史自幼生活在钟鸣鼎食之家，他的一生，为粤菜发展做出了极大贡献。他留下的最有名的一道菜，就是"太史蛇羹"。活蛇烫熟，拆骨取肉，蛇骨与陈皮、竹蔗一起煲出蛇汤，再与老鸡、瘦肉和火腿吊出的高汤混合成汤底。蛇肉丝为主料，配以鸡肉丝、鲍鱼丝、鳖肚丝、香菇丝、陈皮丝、生姜丝，入汤底炖透并打薄芡，撒以金黄色的薄脆、翠绿色的柠檬叶、淡紫色的菊花瓣。太史蛇羹的特点：细幼如丝，无骨无刺，味道鲜美，香气袭人，"美艳"不可方物。

"食不厌精，脍不厌细"是八大菜系的共同特点。但论选料昂贵、做工繁复，粤菜排第一。自从广东地区经济发达以来，粤菜更是"变本加厉"：八大菜系之中，定价最高者无疑是粤菜。

不过，今时今日，肯下功夫做这道菜的粤菜馆是很少的。去普通的粤菜馆子，我的必点菜是清蒸鱼和白切鸡，因为这两道菜最能反映粤菜"清淡鲜美"的风味特征。

闽菜：鸡汤氽海蚌

福建闽江入海口的漳港，特产海蚌：个体硕大、肉质脆嫩、味道鲜甜。1972 年，尼克松访华，漳港海蚌已登国宴；1983 年首届全国烹饪名师大赛，福建厨师强木根、强曲曲堂兄弟二人双双入围十强，他俩的参赛作品中就有这道鸡汤氽海蚌。

将母鸡、猪骨和牛肉放入锅中长时间炖煮，并反复清理过滤出来的高汤，使其清澈透亮；漳港海蚌越大越好，至少选半斤一只的，当场开壳出肉，一蚌一碗，一人一碗；取滚烫的高汤冲入碗中，冲汤宜慢不宜快，不要把蚌肉烫过了。这道菜，鲜甜脆爽，香气隽永，清淡中蕴含着丰富的变化。

闽菜"一汤十变"，讲究用当地的海鲜和河鲜，做出"汤鲜隽永，清淡宜人"的美味。按这个标准，豪横的佛跳墙显然是用力过猛的"土豪菜"，不能作为闽菜的代表。

浙菜：西湖醋鱼

这是一道杭州名菜，原料是西湖里的草鱼，清水净养三天，没有一丝土腥气。用沸水烫熟鱼身，浇以糖醋汁，出品色泽红亮，鱼肉鲜美滑嫩，酸甜可口，略带一缕蟹味。此菜不用一滴油，鱼肉以断生为佳，追求鲜嫩的本味。这点貌似很简单，但很难做好。因为如何把鱼肉烫到刚刚好，是一项高难度的技术活。

中国浙江，靠海、沿江、多山，翻过一座大山，就很有可能语言不通。地理环境和文化传统的高度多样性，使浙江菜异彩纷呈。如果在中国只选一个省做美食旅行，傅师傅首推浙江省。一年四季，每季至少去一周，才能基本吃个遍。

台州只是浙江的一个小县城，居然孕育了中国大陆第一个米其林三星餐厅"新荣记"，这就是浙菜的魅力所在。

苏菜：狮子头

苏菜的底子是淮扬菜。全世界人民都会做猪肉丸子，但做得最好的是中国扬州人。狮子头又称"斩肉"，关键是不能用肉糜，而是要用"斩"出来的猪肉做成大肉圆。肥瘦比例4：6或3：7，全部切成石榴粒大小。只有这样，口感才会疏松、嫩滑。扬州狮子头可油炸或红烧，最正宗的是清炖。

淮扬菜能把一年四季的各种优质食材与猪肉拌在一起，做出不同口味的狮子头。荤的有螺蛳、蚌肉、虾仁、蟹粉、鳗鱼、风鸡；素的有青菜、荸荠、茭白、香菇、木耳、冬笋。总之，这些食材能让猪肉味道更鲜美，口感更丰富。

其中，傅师傅最喜欢的是加入黄鱼鲞的狮子头，除了鲜美，还有浓郁的香气。现在野生大黄鱼太贵，不会有人拿它晒成鱼干，所以很难再吃到了。

淮扬菜，刀功排第一。文思豆腐独步天下：一块嫩豆腐切到细如发丝，真让人匪夷所思！高超的刀功，能把食材原本的味道最大限度地发挥出来，并使其彼此融合。淮扬菜的特点是鲜美软烂，就建立在这刀功基础之上。

鲁菜：九转大肠

猪大肠并非高级的食材，但"九转大肠"却是鲁菜的代表作。此菜起源于光绪年间的济南"九华楼"，因为备料、清洗、烹饪的过程极其繁复，近乎道家制作的"九转金丹"，故得此名。

九转大肠的火候和调味都非常讲究，要求大肠外酥里嫩，肥而不腻，酸甜苦辣咸五味平衡，恰到好处且香味浓郁。傅师傅觉得这"九转"，其实是其口感、味道和香气的千变万化，给人以巨大的味觉享受。

鲁菜注重火功。以前鲁菜馆子招厨师，清炒一盘豆芽，考的就是火功。鲁菜的绝活便是急火爆炒，快的菜十几秒即可出锅。相应的，鲁菜对调味料的要求较低，只有盐、酱油、甜面酱、醋和味精等几样。因此，要把鲁菜做好吃，真的很难。

所以，鉴别鲁菜馆子的秘诀：去后厨看看。如果有一大堆莫名其妙的调味料，那就拜拜了您呐。

徽菜：臭鳜鱼

大约在清朝中期，徽商们在无意中发现，经海盐腌制、长途贩运而散发出难闻气味的鳜鱼，洗净油烹之后却鲜香无比，一道"臭"名远扬的徽菜从此诞生。腌制臭鳜鱼的过程，其实是让鱼肉发酵、蛋白质变性，从而产生更多鲜美的风味物质。闻名全球的冰岛臭鲨鱼（冰岛发酵鲨鱼肉），也是相同的原理。

臭鳜鱼用猪油、酱油烧，伴以葱、姜、蒜和花椒、辣椒。腌制和烹饪得法的臭鳜鱼，肉质坚挺，筷子稍稍用力一夹，散开如花瓣。吃到嘴里，先有微臭，此后爽嫩鲜美、余香满口。

徽菜擅长化腐朽为神奇，很多平凡食材，却能做出惊人美味。它做工相对简单，但滋味浓郁，堪称送饭神器。傅师傅觉得八大菜系之中，徽菜是最适合的家常菜，尤其是对中国北方的朋友们而言。

湘菜：组庵豆腐

谭延闿，字组庵，北伐军总司令，新中国成立之前是国民政府

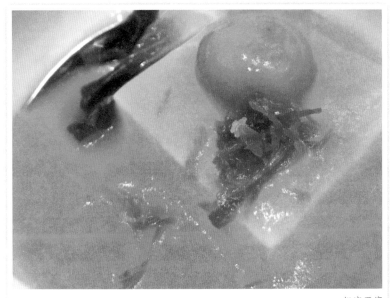

组庵豆腐

主席，与同时代广州的江太史齐名，同为民国美食的两座巅峰。他的父亲谭钟麟，是清末的两广总督，故谭家菜深受粤菜影响。谭延闿祖籍湖南，三任湖南督军，他凭一己之力，让乡土的湖南菜登入大雅之堂。

组庵豆腐是把嫩豆腐与鸡胸肉搅拌在一起，蒸出蜂窝孔，切片油炸，煨以干贝、虾干、火腿、猪脚、凤爪，最后入盏时只有一块豆腐和几片口蘑，其他一概弃之。谭延闿的烹饪三字诀"滚、烂、淡"，尽显其中。

傅师傅在这里重提谭延闿和组庵豆腐，目的就是提醒有抱负的湘菜师傅们，不要一味地香辣"凌厉"，应该继承传统并使之发扬光大，才会有自己的一席之地。

川菜：回锅肉

这里讲个故事。英国人扶霞在成都学过川菜，后来写了本书《鱼翅与花椒》。她来上海，我的好朋友袁鸣说要请她吃顿川菜，我们就去找了川菜名厨邓华东师傅。扶霞和邓师傅，都出自当代川菜祖师爷孔道生门下。

我问邓师傅：最好吃的回锅肉是啥样的？他说要用上好的后腿肉，而且是二刀肉。好吧，我也搞不懂啥是二刀肉，就特地带了一条黑毛猪后腿，让邓师傅自己切。豆瓣酱是川菜的灵魂，因此我还带了罐十年陈的郫县豆瓣酱，一并交给邓师傅。他说：今天我要是做不好，就丢脸了。

最后出来的菜色泽红亮，高温爆炒过的青蒜香气扑鼻。最关键的是肉片，微微卷起，宛如以前点油灯的灯盏窝，唯有这样才能把十年陈豆瓣酱的滋味裹挟在上面。这道菜肥而不腻，软糯醇香。扶霞说，这是真正的回锅肉。

川菜注重调味，讲究"一菜一格"和"百菜百味"。高级的官府菜，鲜美可口，不辣或少辣，代表作有"开水白菜"。如果你吃的川菜除了麻就是辣，那肯定不对了。川菜，好吃的太多了，现在很多爱吃川菜的朋友并不真的懂得川菜，可惜啊！

今日中国的众多菜系，基本定型于清末民初，当初没有"菜系"这个名称，更没有八大菜系这个概念。当时来自各地的厨师们聚集在一起，形成一个帮派，自称徽帮菜、杭帮菜、川帮菜，等等等等。上海市是大城市，相对外乡来的菜，就自称"本帮菜"。

新中国成立以后，厨师是劳动人民、阶级兄弟，不宜称"帮"，改称"菜系"。我国八大菜系的正式确立，是在八十年代初，通过由商业部主导的正式评比，目的为了促进改革开放，更好接待国际友人。

各大菜系的流行趋势，与社会环境和意识形态紧密相连。清代流行鲁菜，因为鲁菜的灵魂是孔府菜，清王朝为了统治汉族，尊孔重儒。民国政府定都南京，要员多是江浙籍，所以流行淮扬菜。新中国的开国元勋们，四川湖南居多，所以川湘菜的地位最高。

改革开放四十多年来，中国社会有了巨大发展，我们能轻易获取各种优质食材，二、三线城市也出现了日本菜、法国菜、美国菜等相关餐厅。在电商化和全球化的背景之下，传统的八大菜系正面临巨大挑战。

傅师傅预言："八大菜系"这一概念将逐步淡化，取而代之的是某某大餐馆或某某大厨师自己创立的菜肴体系，又或是以某种单品食材为主题的菜肴体系。

这也不是什么了不起的预言，因为全世界美食最发达的国家，已经是这样了。那些具备创新精神以及经营能力的厨师，奋斗出属于自己的一片天地，并获得社会各界的广泛尊重。

傅师傅送给厨师朋友们四个字：融会贯通。送给美食爱好者们四个字：兼容并包。总之，不要辜负这个伟大的时代。

04 鲍参翅肚，是什么情况？

在中国的各大菜系之中，顶级的食材是鲍鱼、海参、鱼翅、花胶。默认的行规是这样的：不会烹饪鲍参翅肚的厨师，不算大厨师；不上鲍参翅肚的宴席，不算高级宴席。

现在有很多美食博主，粉丝几百万，作品几百条，但很少见他们讲到鲍参翅肚。事实上，不懂这四样，就是不懂中华美食。粉丝再多，也只是网红，而不是美食家。

鲍参翅肚，价格不菲。讲美食鉴赏，这四座大山，无论如何是绕不过去的。根据各种史料记载，中国人食用鲍参翅肚的历史，至少可以上溯至汉代。但真正把它们定义为高级食材，却是在明清两代。郑和下西洋，开启我国远洋贸易，大量鲍参翅肚被带回明王朝。这四样食材，原产自海洋，经过炮制风干以后，质地坚硬，便于运输，且储存时间越长越好。

清代宫廷讲究"山珍海味"。说到底，"山珍"和"海味"分别代表了他们的故乡和远方。清王朝起源于东北的白山黑水之间，所谓"山珍"，即熊掌、飞龙、鹿筋、犴鼻等，就是他们老家的土菜；而所谓"海味"，即鲍参翅肚，来自遥远的大海，就是他们向往的地方。

鲍鱼和海参

　　明末清初，有一个读书人叫聂璜，他花了大约三十年时间，把中国东南沿海已知的三百七十一种海洋生物全部画了出来，并加以文字介绍。这本大画册，名叫《海错图》，"错"是"错综复杂"的"错"，意思就是种类繁多。

　　今天我们看到的故宫出版社重新出版的《海错图》，上面没有任何敬献宫廷的话语。可见，这纯粹是聂璜个人的兴趣爱好，不是艺术，而是考据——中国古代的一门学问。

　　但乾隆皇帝非常看重此书，下令百般征集，最后盖上"乾隆御览之宝""重华宫鉴藏宝"等玺印，收录于《石渠宝笈》。《石渠宝笈》

是清皇室所藏中国历代顶级书画作品的汇编集，仅论艺术成就，聂璜这本书大概只能排在最后一名。由此可见，各种海洋生物对清代皇帝们来说，是一种多么神奇的存在。

作为食物，鲍参翅肚"除了贵，没有其他毛病"。它们在饮食文化上彻底满足了清王朝的"暴发户"趣味。你们想想，清皇室留下的瓷器和家具，哪一件不是做工繁复，高贵华丽，但又明显缺乏文化修养和精神气质？

鲍参翅肚有很好的口感和香气，但本身没有什么味道，需要通过复杂的烹饪技术把各种美味补充进去，这就是傅师傅美食观中的"提升与优化"。

首先，四样东西都是干货，需要长时间的醒发和清洗，专业人士全程精心看护，稍有不慎就前功尽弃。

其次，补味的高汤采用母鸡、火腿、猪肘、凤爪、鳝骨、瑶柱、香菇等各种高级原材料，需要长时间地炖煮、反复清扫和过滤，方可获得。

最后，烹饪鲍参翅肚的时间和火候非常讲究，必须恰到好处，才能获得最佳口感。

烹饪得当的鲍参翅肚香气浓郁，滋味丰富，口感软糯，而且无骨无刺，最适合一大口一大口地吃。清朝，没有牙齿保健的老贵族们一口烂牙，精心烹饪的鲍参翅肚非常适合他们。吃完以后，掏出精美的烟壶，再嗅点鼻烟末，那就完美了。

清皇室的偏好，深刻改变了中国餐饮业的格局。各大菜系对鲍参翅肚是趋之若鹜，一路直下到民国。

迄今为止，鲍参翅肚依然是中国各大菜系中最为名贵的美味佳肴，它满足了高级宴会上宾主双方的"面子"需求。在这样的场合之中，对于中国人来说，"面子"是最重要的，鲍参翅肚其实就是"面具"，甚至是否好吃都没有太大关系。

就吃一口，几千元没了，究竟值不值这些钱，那是政治学、经济学、法律学讨论的范畴。傅师傅只能从好吃难吃的角度，来聊聊我见过、吃过的那些鲍参翅肚。

鲍鱼

全世界很多地方都有鲍鱼，要论制作成干货后的质量，日本出品最佳，南非其次。这既与新鲜鲍鱼的质量有关，更与加工技术有关。

鲍鱼是按一斤有多少只来定价的。一只一斤重的鲍鱼，叫"一头鲍"。我曾经见过一只真的"一头鲍"，拿在手里沉甸甸的，香气沁人心脾。这是镇店之宝，店家只给看，不给吃。

用上一斤四只的鲍鱼（即"四头鲍"）的宴席，算是很高级别的宴请了。如果是上等货，这四只鲍鱼将耗费十万元以上。制作、保存、烹饪俱佳的鲍鱼，会产生"溏心"，张大千形容其"色同琥珀、晶莹凝脂、嫩似熔岩"。当然，鲍鱼越大，溏心越多，吃起来越过瘾。

市面上流行的新鲜小鲍鱼，便宜是便宜，但很难料理，吃起来总是感觉怪怪的。尤其是用它来烫火锅，不就是一块塑料胶皮吗?

海参

有海水的地方就有海参，海水越寒冷，海参生长越缓慢，质量就越好。海参出水很快会溶化成鼻涕状的凝胶，所以必须尽快用明矾和海盐定型。

近年来，人工养殖海参的技术日趋成熟，有些地方还卖浸泡在配方药水中的新鲜海参，无须烹饪，可以直接吃，据说能强身健体、延年益寿，但这不是傅师傅的菜。

我最喜欢葱烧海参，又鲜又香又嫩又入味。这道菜做得最好的，我认为是王义均先生，他老人家还在世，是鲁菜界的龙头老大，著名的大董师傅便是王先生的徒弟。

吃得起这道菜的客人，非富即贵。海参必须是完整一大条一大条的，才有气派、扎台型。水发海参的过程中，难免有一些碎掉的不能上台面，厨师们便把碎了的海参烧了自己吃，这叫作"伙食"。

不过碎的海参更易入味，非常好吃。据说有一次大董去后厨，发现厨师们吃的碎海参比整条海参还要好吃，他当即决定将其放到菜单里，并取名"伙食海参"。

大董的菜单，厚厚一大本，很难点菜，但点伙食海参，保证不会出错。还有，我们也就是图个自己好吃而已，并非请客拉关系，搞点碎海参拌点大米饭吃吃，已经很好了。

鱼翅

只有鲨鱼的鱼鳍，才能被叫作鱼翅。鲨鱼从头到尾，有好几块鳍，最好的那块在肚子底下，叫臀鳍。干制以后的臀鳍，形如裙摆，所以叫裙翅。裙翅有大、中、小三种品类，大的最名贵。

20 世纪 50 到 60 年代，在广州大三元，一盘红烧大裙翅，要价六十元，放到现在至少两三万元。

鲨鱼的肉酸，不好吃，卖不出价钱。捕鱼船往往是割下全部鱼鳍，然后把整条鲨鱼扔回大海。我大概是在二十年前看到过这样一组血腥残忍的照片，从此以后就不吃鱼翅了。

鱼鳍好比鲨鱼的手脚，活砍手脚再抛之于海，真是十恶不赦。所以，我们不谈鱼翅，不吃鱼翅。

花胶

所有鱼都有鱼鳔。这是一个气囊，用于调节鱼类在水中的沉浮。鱼鳔又被称为鱼肚，它经过炮制晾晒以后，形成半透明的胶状，而且有美丽的花纹，因此得名"花胶"。

能够被制成花胶的，都是深海中的大鱼。它们体形硕大，需要更强更大的鱼鳔。河里或湖里的淡水鱼，其鱼鳔没有可以做成花胶的。

广东人觉得花胶是大补之物，殷实的人家都会储存大量花胶。所以，花胶虽然在全世界皆有出产，但全世界花胶的集散中心却在广东的潮汕地区。

傅师傅见过和吃过最好的花胶，都在汕头的建业酒家。他家发明的香柠花胶，柠檬调香，番茄调味，清鲜可口，香气诱人。我每次吃的时候，耳边都会响起舒伯特的弦乐五重奏《鳟鱼》，稠密的旋律，甜而不腻，恰到好处。

花胶确实养人，一大碗吃下去，晚上睡得特别香甜，身体深处有一种暖洋洋的感觉。

花胶

哦，不要请欧美白人吃鲍参翅肚。这种类似胶皮的口感是他们最不喜欢的。老外觉得好吃的牛排、火腿、奶酪，甚至面包，完全是另一路的食物。还有，你们自己想象一下，吃完鲍参翅肚，再喝一杯咖啡，不怪吗？所以，来一个烤鸭子就足够了，没有必要浪费银子请老外吃鲍参翅肚宴。

据现代科学研究，鲍参翅肚的主要成分是蛋白质，其营养价值与鸡蛋差不多。也许里面还有一些没被认知的微量元素，对人体有某些神奇的功效，但纯粹从功效上讲，它们肯定是不值这个价钱的。鲍参翅肚之所以贵，是因为供求关系的变化：大自然中出产的东西少了，有钱且想买的人多了，价格当然就贵了。还有一个原因：鲍参翅肚都是干货，而且越陈越好，越陈越贵，很多有钱人将它们作为金融理财产品来收藏。

大约在 20 世纪 80 年代中期，中国渤海湾地区的科研人员发明了人工养殖鲍鱼和海参。三十年过去，这已发展成一个巨大的产业，新鲜的鲍鱼大约三五十元一斤，新鲜的海参大约百八十元一斤，与今天的猪肉价钱相差无几。

与养殖技术的突飞猛进相随相伴的，还有化腐朽为神奇的调味品工业。网上可以搜到很多与鲍参翅肚相关的调味品——鲍鱼汁、海参料包、鱼翅酱，花胶浓汤，平均每公斤三五十元。现在饭店里经常有卖的菜品——红烧鲍鱼、小米海参、鱼翅捞饭、金汤花胶，其实都是半工业化的产品，成本很低，店家很赚钱。

经典定义的鲍参翅肚皆为干货。自然环境中生长的新鲜活体，必须被炮制风干、陈化贮存。只有那些最优质的干货，才能幻化出特殊的口感和香气。新鲜的鲍参翅肚，并不是真正的鲍参翅肚，就像新鲜的葡萄不等于葡萄酒，新鲜的烟叶不等于雪茄烟。这点，一定要说清楚。要不，做的商家就是欺世盗名，吃的食客就是稀里糊涂。

最后，傅师傅提出鲍参翅肚的四个"不要吃"，作为本讲的结语：

1. 这些都是功夫菜，不是名厨料理或者大店出品，最好不要吃；

2. 鲍参翅肚的价格与价值严重背离，如果觉得不值这些钱，最好不要吃；

3. 从现代人价值观出发，吃鱼翅很残忍，最好不要吃；

4. 那些看起来搞不定鲍参翅肚的饭店也在卖鲍参翅肚，而且价格还很便宜，最好不要吃。

05 青菜豆腐大米饭，家常菜最美味

我是出生并成长在上海的上海人，我觉得上海本地最好吃的特产是冬天被霜打过的青菜：用菜籽油爆炒，除了盐，其他任何调味料都不需要，起锅油汪汪、亮晶晶，入口软糯、甘甜。上海还有一种老豆腐，叫素鸡，用酱油烧，口感肥美。青菜、素鸡、热米饭，就是上海冬天里最简朴的家常饭菜，好吃得不得了。

青菜是我的最爱

很多老上海有钱人都去了香港，所以当年香港的上流社会是讲上海话的。铜锣湾时代广场附近，商铺租金是天价，但居然有一家卖内地土特产的老字号"老三阳"，它家卖上海的青菜，名字就叫"上海青"。很多年前，我去香港，看到在上海几毛钱一斤的青菜，在那里要卖十多元港币。对此，我毫不奇怪，因为我觉得上海冬天的青菜，就是最好吃的美食。

上海方言中，青菜就特指这种绿叶、厚秆、矮脚的青菜，而不是像有些地方那样，把所有的绿叶菜都叫作青菜。广东的饭店，点菜到最后，服务员一定会问，是否再来一盘"青菜"，然后提供豆

苗、芥蓝、生菜等多种选择。其实在全国各地，都有当地人觉得最好吃的绿叶菜，正所谓"一方水土养一方人"。

老外不懂猛火爆炒绿叶菜，就像他们不懂清蒸活鱼一样。所以他们冰箱里都是冷冻的食材，而不像中国人那样注重新鲜的原材料。我们每天都要去菜市场。极端的广东人，更是上午、下午各去一次菜场，以确保午饭和晚饭都用上最新鲜的原材料。这的确很费工费时，但对普通中国人来说，这不正是生活的乐趣所在吗？

傅师傅坐标上海，我觉得本地一年四季中最好吃的绿叶菜分别是春天的马兰头、夏天的鸡毛菜、秋天的小白菜和冬天的青菜。马兰头清香，鸡毛菜清爽，小白菜爽脆，青菜软糯甘甜。一年四季，斗转星移，口味变换，随遇而安，这就是平凡而又美好的人生。

上海青

在蔬菜大棚出现之前，中国北方的冬天，绿叶菜罕见，比牛羊肉还要贵。为了在漫长的冬天里也能吃到蔬菜，北方人发明了把大白菜腌制成酸菜或者做成泡菜的吃法。其中，我最喜欢的是天津冬菜。

京杭大运河纵贯天津静海区全境，运河水滋润着两岸菜田，所产的白菜"小核桃纹青麻叶"，筋细、肉厚、口甜，堪称各种大白菜之冠。

每年秋天，这种极品大白菜被收割下来，与四六瓣红皮大蒜和高温加工过的精制海盐一起，就做成了著名的天津冬菜。原材料只有白菜、大蒜、海盐这三样，遵循百年古法，手工切菜，自然生晒，窖藏半年经过发酵之后，鲜美醇香、滋味浓郁，神奇得不得了。

天津冬菜的用途极其广泛：搭配荤腥烧汤，搭配蔬菜爆炒，搭

天津冬菜

配荤素拌馅，最最简单的是做火锅的锅底。有了天津冬菜，家里的味精鸡精，全部可以扔掉了！

大蒜和海盐，除湿、祛瘟、解毒。冬菜在东南亚很多地方还被当作保健食品。天津食品进出口公司的"长城牌"天津冬菜是一个老牌的出口创汇产品。对全球华人来说，天津冬菜只有"长城牌"这一种，其他都不是冬菜。网上有卖，一罐12元，比一棵大白菜还便宜，这真是共和国的良心食品。

关于豆腐的故事

中国人说自己吃五谷：稻黍稷麦菽。最后这个草字头的"叔叔"，就是大豆。新鲜的大豆是碧绿的毛豆，是我最喜欢的蔬菜之一。它搭配什么都好吃。晾干的大豆是金黄的黄豆，能榨出豆油，能磨成豆浆。

据说公元前164年，淮南王刘安在炼丹时，无意中把石膏加入豆浆，豆浆凝固成块，便成了豆腐。豆腐是中国人的发明，是对世界食物的一个伟大贡献。

所有豆腐都是用豆浆做的。中国南方依然保留用石膏（主要成分是硫酸钙）来凝固豆浆，做出的豆腐比较软嫩，俗称嫩豆腐；中国北方用盐卤（主要成分是氯化镁和氯化钙）凝固豆浆，做出的豆腐比较结实，叫老豆腐。日本人继承中国人制作豆腐的方法，发明了用葡萄糖酸内酯凝固豆浆，做出的豆腐更加细腻嫩滑，叫作内酯豆腐或者日本豆腐。

大豆营养丰富，包含大约20%的豆油、40%的蛋白质和30%的碳水化合物。打成豆浆以后，这些物质均匀地混合在一起，更加有利于消化吸收，是中国人的植物牛奶。

对牛奶的加工处理，欧美人民比中国人更擅长。他们把牛奶煮开，加柠檬汁凝固，由此而成的就是奶酪，中国的豆腐就像是外国的奶酪。老外觉得最好吃的、长有大量霉菌的蓝纹奶酪，就像是中国人的青方腐乳（臭豆腐），所以谁也不要指责谁更臭，其实都非常好吃，傅师傅都很喜欢。

奶酪配面包好吃，豆腐配大米饭好吃。一方水土就是这样养一方人。

豆腐营养丰富，中医还认为它有各种各样的功效，这里我就不多言了，毕竟我们是在讲美食。下面傅师傅就讲讲我是怎样吃豆腐的。

北方的老豆腐，我最喜欢的吃法是把它冻上以后，炖猪肉、酸菜和粉条；还有就是放在涮羊肉锅里，与大白菜一起吃。北方人把老豆腐做成砂锅豆腐也好吃。这里敲黑板：老豆腐必须配大白菜，因为大白菜的甘甜味，被老豆腐吸收以后，能对冲掉它原有的盐卤味。此外，两者不同的质地，还能交织出美妙口感，相映成趣。

日本的内酯豆腐，细腻、嫩滑、清淡，最佳吃法是用松花蛋或香椿末凉拌，前者补滋味，后者补香气。还有一种吃法是做成豆腐羹。上海有一道家常菜，荠菜肉丝豆腐羹，撒上一些胡椒粉，又香又鲜又辣又滑，其他什么菜都不要，也能吃一大碗米饭。

南方的嫩豆腐，最佳吃法是麻婆豆腐。这是任何一家川菜馆子都有的菜。同样的，这道菜传到日本以后，每一家中餐馆都会有麻婆豆腐。日本人认为这是中国第一名菜，但真能把它做好的厨师，却少之又少。

嫩豆腐容易出水，而麻婆豆腐有七大要求：麻、辣、烫、鲜、酥、嫩、形整而不烂。其中，最难的是"形整而不烂"。川菜大神邓华东师傅，有一次教我如何做麻婆豆腐，一共勾了三次芡，才把嫩豆腐的水分彻底锁住。上桌时，嫩豆腐是一块块挺立的。邓师傅劝我赶紧趁热吃，他说："豆腐要烫，女人要胖。"此话深得吾心。滚烫的麻婆豆腐是下饭神器。

邓华东师傅做的麻婆豆腐

傅师傅认为有一道菜，集所有大豆精华于一身，凝聚着两千年中华农业文明，这道菜的名字叫：黄豆芽炒油豆腐。豆芽是用黄豆发的，油豆腐是用豆油炸出来的，炒菜还是用豆油，调味只用酱油，而酱油也是用黄豆做的。这道菜：豆油香，酱油鲜，豆芽爽脆，豆腐外酥里嫩并饱含汁水。又能吃一大碗米饭。

如果把这道菜拍出来：种大豆、做豆浆、点豆腐、榨豆油、酿酱油、发豆芽，最后炒菜吃饭。这就是一部向全世界传播中国文化的纪录片，名字就叫《一颗大豆的神奇旅程》。

最后讲讲大米饭。总括来讲，有日本和中国两大流派。日本大米最好的是新潟县的鱼沼大米，一斤约人民币45元；中国大米最好的是黑龙江五常大米，一斤约人民币15元。两者焖出的饭都是晶莹油润、清香扑鼻，但日本米饭颗粒感更足、有嚼劲，适合做寿司，以及搭配鱼生；中国的米饭松软甘甜，更适合搭配有汤汁的菜肴。

其实是中日不同的饮食习惯，决定了两国不同的水稻良种繁育和口感评价体系。中国菜多汤汁、酱汁，松软的米饭更好吸收，拌起饭来更有味道。因此，中国的米饭要趁热吃，日本的米饭要放凉吃。

大家不要着迷于更贵的日本大米，或者也不便宜的五常大米。自己选大米，只要煮出来的饭松软香甜，什么便宜就买什么。老实说，五常大米就像阳澄湖大闸蟹一样，假的实在太多了。傅师傅有言：最好吃的大米饭，就是拌麻婆豆腐最好吃的大米饭。

我最喜欢的用大米做的食物是潮州人的大米粥。一锅清水烧开，倒入洗干净的大米，顺时针不停搅拌，保证每一粒大米都漂浮在开水中，十分钟即成。成品粥汤清亮甘甜，米粒完整，略带嚼劲，配天津冬菜和青方腐乳，滋味无穷。中国人的肠胃表示非常之舒服。

家常菜的四项基本原则

我是传说中的那种回家做饭的上海男人，而我总结的做好家常菜的四大原则，得到了美食圈的广泛认同。陈晓卿导演在某次大型演讲节目中，还特地念了一遍：

1. 原料。第一重要。所有烹饪手段，都是为了还原、提升优质食材本来的味道。

2. 时令。多吃一些本地的或其他地方的特色时令食材，加工和食用方法遵循传统，就是最好的。

3. 调味。有主次，有层次，必须相互和谐，绝对不可以相互打架；尽量不用人工合成的调味料。

4. 摆盘。所有仅仅是为了好看，但与味道不搭的配料或刀法，全部不要，拗造型的摆盘也不要。家常菜，只要真的好吃，自然就会好看。

最后，热菜不要放凉了吃，凉菜不要放久了吃，新鲜的最好吃。

06 鸡蛋做好了也是顶级美味

看完了前一讲，你应该懂了，按照傅师傅的美食观，并非只有鲍参翅肚、八大菜系才是美味；只要懂得美食的原理，平凡的青菜、豆腐、大米饭，真做好了，也是了不起的美味。

为了进一步阐述我的观点，下面将以鸡蛋的五种做法，摆事实讲道理，彻底说服你。

水潽蛋

做水潽蛋，对鸡蛋的要求很高。

评判鸡蛋有两个维度：自身的品质和储存的时间。越新鲜的鸡蛋越好，哪怕再好的鸡蛋，冷藏保存时间超过两周，品质都会明显下降。而品质好的鸡蛋，蛋液黏稠，蛋黄饱满，如果打在盘子里，有 3D 立体感。我用"可生食"的鸡蛋做水潽蛋，买的时候注意一下生产日期，超过三天就不买。

水潽蛋就是把鸡蛋打开放在水里煮，煮到蛋白凝固、蛋黄半淌的状态。吃的时候如果配以汤汁或调料，就是"保留与还原 + 平衡与搭配 + 提升与优化"的完美演绎。

法式大餐的水潽蛋秘方：一升清水加八克白醋和十五克海盐。

正确的做法：

1. 先把水烧开，按比例加入盐和醋。

2. 鸡蛋不要直接打到锅里，要打在小碗里，一个鸡蛋一个碗。

3. 一升水可以煮四个水潽蛋，以此类推。将鸡蛋迅速倒入锅中，煮大约三分钟，浮起即投入冰水。

4. 如果一次吃不完，冷藏保存两三天没问题。

科学原理是这样的：醋与蛋白发生碳酸氢盐反应，生成的微小二氧化碳气泡，会使水潽蛋表面定型更加光滑细嫩；而盐增加了水的密度，可以使气泡维持得更长久。

煎鸡蛋

煎鸡蛋

上等的煎鸡蛋，蛋白边缘是脆的，蛋黄内核是淌的。这蛋黄几乎是半生的，故买的时候注意包装盒上要注明："可生食。"

最重要的是器材：小号铸铁锅，大火烧到冒青烟。（科普一个小常识：铸铁锅烧到很热就是不粘锅；现在的不粘锅表面都是化学材料，一旦划破，难保没有毒性。）

正确的做法：

1. 倒橄榄油，随即倒入鸡蛋（也要先打在碗里，一蛋一碗）：就怕橄榄油烧得过头，美好的香气化作青烟消失殆尽。

2. 倒入橄榄油和鸡蛋后，立刻大火转小火，这样煎出的鸡蛋外脆里嫩，刚刚好。

3. 吃的时候撒盐和胡椒。如果有新鲜松露，刨在上面是最佳。注意：有了松露，就不要胡椒。

蛋炒饭

上等的蛋炒饭，米饭是一粒粒的，故需提前准备。蛋炒饭做不好，根本原因是米饭没准备好。

正确的做法：

1. 家里的剩饭，不要留在锅里，把饭舀出来，常温下放凉，散去水汽，用手把饭揉开，使之成为饭粒。注意：不要用力过度把饭捏碎。

2.冷饭放入冰箱，最好过夜，但不要密封，让它散掉更多水分。总之，米饭干爽，颗粒分明，才能下锅做蛋炒饭。

3.炒锅烧热，放油，用一点点蒜末爆香，再炒饭。

4.饭要慢慢炒，炒到很烫时，倒入鸡蛋液。这时每粒饭都很烫，遇到蛋液，立刻呈现"金花"的效果。

5.不能直接撒盐，把盐提前融化在蛋液里，才能让米饭均匀入味。

6.根据个人口味，最后撒入葱花、胡椒和辣椒酱等，略翻炒均匀，即可起锅。

这是最基础版的蛋炒饭。如果条件允许，加入肉丝、干贝、虾籽、香菇，甚至大闸蟹肉、大龙虾肉，可得豪华蛋炒饭。

酱油荷包蛋

酱油荷包蛋，用最普通的鸡蛋就可以。所有食材成本加起来，每只荷包蛋不会超过两元，但是酱香浓郁，香气扑鼻，外酥里嫩，宜酒宜饭，凉热皆可。

正确的做法：

1.取中式的炒菜锅，即锅底下凹的式样（平底锅煎不出荷包蛋），烧至滚烫，倒入菜籽油，煎鸡蛋，取一边对折过去，形似荷包。

2.注意锅和油都要非常热，才能煎出外脆里嫩的荷包蛋，并且表面蓬松，容易吸收酱汁。

3.将煎过蛋的锅洗干净，倒一点油，炒葱段出香气；倒入清水、麦芽糖和酱油，水烧滚，倒入煎好的荷包蛋。爱吃辣的，炒葱段时可加几个干辣椒。

4.先用大火烧滚直接收汁，到锅底没有水分，酱汁全部被荷包蛋吸收时，即可起锅。

西红柿炒鸡蛋

按傅师傅的美食观，西红柿炒鸡蛋是一道经典的"搭配与平衡"的菜。绝大多数朋友不明白这个道理，结果就做错了。

一盘傅师傅认可的西红柿炒鸡蛋，必须满足以下两点：鸡蛋蓬松，饱含西红柿的汁水，香气扑鼻；西红柿酸甜可口，有水果味。

正确的做法：

1.选优质的新鲜鸡蛋。打蛋时加入一点点绍兴老酒，去腥。

2.锅烧到滚烫冒青烟（锅底宜厚，锅身宜重），倒入特级初榨橄榄油后，马上倒鸡蛋，锅铲来回推至蓬松状，起锅备用。注意，起锅的时候，让蛋在锅里多留一会儿，略带焦黄，方出香气。

3.西红柿最好买有机且完熟的。完熟，就是完全成熟才摘下来的，市场上一般的西红柿，为了便于运输和储存，都是把还没有成熟的、半生的西红柿提前摘下来，这样味道就差了很多。

4.完熟西红柿，滚水烫后去皮，挖去绿色的蒂，不要切开，整个放入刚才那口炒过鸡蛋且未经洗过的锅里，用锅铲把西红柿剁到均匀大小，注意不要把西红柿煮熟，稍微炒一炒，半生不熟最好。

5. 留有西红柿的锅里加少量水、几勺西红柿酱（我习惯用亨氏的番茄辣椒酱），倒入备用的已炒熟的鸡蛋，与西红柿酱汁炒均，起锅享用。

西红柿炒鸡蛋的五点要诀：

1. 热锅冷油，炒出的鸡蛋蓬松并略带焦黄。

2. 炒鸡蛋里的西红柿味其实来自番茄酱，而不是煮烂的西红柿味，要尽量保留西红柿的新鲜味道。

3. 西红柿原本就可以生吃，此时锅铲切碎、压碎即可，宁生勿熟。

4. 去皮的西红柿整个在锅里用锅铲压碎，不在案板上切，目的是尽量保留西红柿的汁水和籽实。西红柿的好滋味在汁水里，西红柿的好香气在籽实里。

5. 真正炒菜的时间，只需两分半钟：炒鸡蛋一分钟，炒西红柿一分钟，混炒在一起半分钟。

这一讲，五个蛋，全部讲完。这很像是菜谱了，但傅师傅不是厨师，我不想教你如何做菜。借假修真，希望你能更好理解鉴赏美食的原理。

只要用心、动脑、有爱，哪怕鸡蛋这样的平凡食材，也可以是顶级美味。

07 好吃的卤味，自己在家做

中国的卤味，几乎是全世界独一份。一直以来，我就是想不通，这样制作简单、味道醇香、多放几天也不会坏的美味，为什么老外没有搞出来。在美食开发这一块上，我们中国人绝对领先世界，非常值得骄傲。

往简单里说，卤味就是用一锅汤去烧各种各样的荤素食材，目的就是把汤里面的好味道和好香气烧到食材里去，让它变得更有滋味。但是往复杂里说，真要把卤味做好，其实很不容易。

傅师傅"以食材为原点"的美食理念有三条推论，其中有一条是"提升和优化"，卤味的制作完全符合这条推论。

此前我还讲过，如何运用三大硬件系统感知美食：味觉对应味道，触觉对应质地，嗅觉对应气味。卤味几乎就是一个完美的学习标本，能让我们把这三个系统完全调用起来。

理论指导实践，卤味的基本原理就是对味道平淡的食材进行"提升和优化"；反过来说，原本风味就很好的食材，应该"保留与还原"，而不是拿去做卤味。坊间传言"万物皆可卤"，其实大错。一条东海大黄鱼或一块神户和牛肉，去做卤味吗？那是暴殄天物，那是"无知者无畏"。

明白了原理，知晓了有所为有所不为，现在讲讲，真正优质的卤味，通过我们的感觉三大系统传递给大脑的信息是什么样的。

1. 味觉。卤味的味道比原本食材的味道更为丰富。因为运用了各种当地人喜欢的调味料，各地卤味形成了各自的独特风味，成了地方特色美食，譬如武汉的鸭脖子、苏州的豆腐干。这些原材料本来都没有什么味道，并且价格低廉，做成卤制品以后，身价倍增并广受追捧。

2. 触觉。做卤味的食材，一般都质地紧密，经得起长时间烧煮和浸泡，经过卤制，其口感会更加丰富。在咀嚼时，牙齿、舌头、口腔内壁，都会受到各种各样的刺激，这些信号传送到大脑，会产生巨大的愉悦感和满足感。尤其是那些连筋、带皮、有骨的原材料，放凉以后再吃，口感Q弹，层次丰富，越吃越香，越吃越想吃。

3. 嗅觉。我们听到过很多传说，说某某大厨师历经多年研发，用十八种、二十八种、三十八种香料组成的神秘配方，做出惊世美味，这讲的就是卤味应该有浓郁的香气，它不但闻着香，而且吃起来更香。其中的杰出代表就是潮汕老鹅头。这种丰富的香气，使得卤味特别适合搭配各种美酒。

三大硬件系统感受的信号，汇总起来就是卤味所产生的风味特征，要比其他食物丰富很多。因为这些被"提升和优化"的食材并不昂贵，所以卤味是普通中国老百姓都能享用的家常美味。

中国的卤味按照地域来分，大体有五种味型：粤港大鲜大甜，潮汕香气隽永，川湘辛辣过瘾，北京酱香浓郁，苏浙沪清淡鲜美。

每一个烹饪爱好者，都应该有一锅属于自己的老卤汤，而且越陈越香。等到女儿出嫁或者儿子结婚，送出一份老卤汤，让你家的美好味道得以继续传承。人生不易，唯有美食能够在最短时间带来幸福感，更何况这是自己家的味道。

下面，傅师傅教你如何走好人生这一步：

1. 干净，永远放在第一位。这一锅老卤是准备世代相传的，长时间反复烧煮，好和坏的物质都会留下来，所以我们应该尽量避免那些坏东西：用水务必干净，最好用蒸馏水；尽量选用优质天然食材；所有入锅的原材料须彻底清洗干净；带血的肉类都要提前焯水再入锅；腥膻味特别大的材料，譬如猪肝大肠，舀出一些卤汁，单独制作，用完即弃。

特别提醒：不要用味精、鸡精以及市售的各种卤味香膏，这些人工合成的物质里有太多不确定成分，不知道反复烧煮以后会发生什么神奇的化学反应。人类几百万年的进化过程中都吃天然食物，只是在最近几十年才开始有那些人工合成物质，想必我们人类自己的身体不可能在这么短的时间里适应这种变化。所以傅师傅的态度是一边赞叹科研工作者的伟大成就，一边对之敬而远之，退避三舍。

2. 高汤。第一锅卤味须要高汤打底，以后卤多了，味道会越来越浓郁。高汤有两种味型：醇厚味的浓汤——用老母鸡、蹄髈和火腿，鲜美味的鲜汤——用鳝鱼、瘦肉和黄豆芽。大火烧开，小火慢炖三个小时，葱、姜、料酒去腥，不要加盐，更不要加味精、鸡精，记得撇干净浮沫。

3. 卤制。用一口深锅，放入彻底搞干净的食材和香料包，倒入高汤，大火烧开转最小火，焖烧到筷子能够插入食材即可。煮好的卤味，不要出锅，让它继续浸泡在锅里，直到全部凉透再拿出来，这样才更入味。只有真正入味了，才是卤味！

4. 香料。最基本的有茴香、花椒、八角、桂皮和丁香，俗称五香。我喜欢的还有陈皮、香叶、草果、豆蔻、砂仁。每种香料都有自己独特的气质，你自己闻闻，喜欢什么就放什么，但宁少勿多。这锅卤料，会一直用下去的，每次都可以再加一些香料，调到自己满意为止。

五香

5. 调味。小火慢炖需要很长时间，所以要有足够的时间，慢慢调味。调味可以根据自己的口味，调味料有盐、糖、料酒、酱油、蚝油、鱼露、辣椒、花椒、胡椒。尽量选用天然材料，不要用人工合成的。这里有一个秘诀是用醋：醋是调和官，只要一两滴，整锅味道就会变得柔和顺滑，浑然一体，非常奇妙。

5. 上色。所有卤味，可分为酱色和无色。无色的，鲜汤开卤；酱色的，浓汤开卤。酱色来自酱油，也可以是来自冰糖熬出的焦糖。我家里老卤汤是酱色的，酱油和焦糖并用。我觉得既然是卤味，味道越浓郁越好吃。

6. 维护。每次卤完，不同的材料都会留下一些滋味，也会带走一些滋味。这时便需要增香、提味、补色，所选香料可根据自己的喜好。提味有两样神物，酱油和鱼露。我用过最好的酱油是湖州老恒和的太油，最好的鱼露是汕头的初汤。补色则需要再次熬焦糖。调汤的目标是：做到你自己最满意的状态，确保在下次开卤时可以直接把食材放下去，其他什么都不用再放，一步到位。调汤需要烧开、煮透、放凉，然后进冰箱冷冻，半年之内不会坏。傅师傅觉得，制作卤味的最大乐趣在于每次调汤，这个多一点，那个少一点，千变万化，万变不离其宗——"其宗"就是你和你的家人最喜欢的那个味，那份爱。

对了，卤味适合下酒，秋冬威士忌，春夏冰啤酒。

所有食材中，最适合做卤味的是鹅。鹅大，皮厚，肉粗，滋味浓郁；鹅油富含不饱和脂肪酸，即使在冬天也不会凝结，非常容易

烟熏鹅肝

被人体所吸收。鹅还有一个优点，它几乎不吃人工合成饲料，主食是青草，所以特别干净。

潮汕人是最懂卤鹅的。他们至今保留了中国传统的宗法制度，敬天、礼神、祭祖，一年四季仪式频繁。各种仪式上他们都会卤一只大鹅用于供奉，供奉之余分而享之，所以这只卤鹅是家家户户的面子，丝毫马虎不得。历代相传的美味，就是这样扎根在深厚的文化传统和宗教信仰之中。

我吃过最好吃的卤味，是潮州菜研究会张新民会长做的卤鹅肝。他亲手调制的卤料浸透到肥美的鹅肝里，鲜美异常，入口即化的脂肪充满整个口腔，令人感到无比满足。最为神来之笔的，是张先生竟然用烟来熏鹅肝！这足以唤醒人类最远古的记忆——火给我们带来温暖、食物和安全。所以，烟熏味和脂肪味是人类最喜欢的味道。

近年来，土豪圈最流行的卤味是潮州老鹅头。汕头澄海的狮头鹅，鹅冠硕大，卤过以后的那一大块胶质，口感极其丰富。养一只狮头鹅，每年饲料三百多元；老鹅至少养三年，一只卤好的老鹅头售价千元以上，也算合理，但最值钱的就是那一大块胶皮。

此前，潮州的另一位大神林贞标"标哥"来访上海。出那份上海天价菜单的孙兆国师傅和我一起请他吃饭，带他去了上海本地老牌的阿山饭店。阿山饭店有一道本帮酱猪手，我问标哥："像不像老鹅头？"标哥夹起一块黑黢黢的猪手，咬了一大口，细细品过，说："真的很像！"我与孙师傅相视一笑："来来，喝酒喝酒。"

最后，傅师傅来教你，如何把十几元的猪蹄子做出一千多元的老鹅头的味道：

1.备料：整只新鲜猪蹄，越大越胖越好；自备老卤汤，颜色越深越好。

2.工艺：整只新鲜猪蹄，先焯水，再入锅；大火烧开，转小火焖一小时，必须把里面的血水彻底焖出来；猪手洗净，投入冰水，冷透；放入卤水锅，大火烧开，小火焖一小时；关火，在锅里放凉，让卤味浸透猪蹄；出锅，在室温中晾到表面没有水分，即可食用。

3.吃法：家里有好刀的话，剁开吃；没有好刀，整个啃。配威士忌或冰啤酒。

08 猪肉的最高境界是火腿

猪肉是最平常不过的肉类了，中国人一年要吃掉全世界将近一半的猪肉。但无论在东方还是西方，猪肉中的最高级，一定是而且只有火腿。

一条新鲜的猪腿，被盐、酒和香料腌好以后，交给时间和微生物，就会变成一条火腿。这时候，它的味道、口感和香气，与原来那条猪腿完全不同，天差地别。

中国的火腿，主要产地在长江流域和云贵高原。老外的火腿，主要产地在地中海沿岸的西班牙、意大利和法国；英国本岛也产火腿，但略逊一筹。

火腿的制作和烹饪过程，非常符合我的美食观，而且是一个难得的可以做中西比较的美食案例。

散养的、经常运动的猪，肌肉紧实，脂肪含量低，适合做火腿。喂猪的饲料很有讲究，猪吃得越好，日后回报越高。最出名的西班牙伊比利亚黑毛猪，散养在橡树林中，平时吃落叶，秋天吃橡果，能不香吗？

中西各地的火腿，都是批量生产的，制作的时间都在每年冬天。这时天气寒冷干燥，晾晒过程中的新鲜猪肉不易变质。

猪的后腿，连带臀部一起切割，就是一块完整的火腿原料。中西制作火腿的工艺差不多，都要用海盐和香料、酒腌制。粗粒海盐，杀菌补味；酒和香料，去腥提香。猪腿腌过并风干以后，表层会形成一个坚硬的外壳将猪肉密封其中，接下来就交给各种微生物来展现时间的神奇魔力。

世界各主要火腿产地有一个共同的特点，那就是空气纯净、湿润，特别适合微生物生长。

借用纪录片《风味人间》中一句对火腿发酵过程的学术范儿旁白："大量微生物分解猪肉中的蛋白质和脂肪，产生大量游离氨基酸和挥发性香味物质。"

经过两三年时间，一条新鲜的猪腿才能变成一条美味的火腿。这不正好阐释了我美食理论中的"提升和优化"这一推论吗？

当然，各地的地理位置、气象环境、贮藏条件以及微生物菌群千差万别，导致各地火腿的风味也各不相同。前面我们讲过构成食物风味的三大要素：味道、口感和香气。下面我再从这三个维度，详细聊聊火腿到底哪里好，怎么吃才更好。

火腿的味道很鲜。所谓鲜，实质就是含有大量氨基酸。

直到 21 世纪初，西方人建立的味觉体系中才有"鲜"这一概念，用的还是日语的转音"umami"。日本人的鲜味主要源自晒干的海带，他们叫作昆布。昆布和鲣鱼一起熬出的汤，就是日本菜的高汤。西餐也吊高汤，基本款是鱼高汤、鸡高汤和牛骨汤。

但苏浙沪包邮区人民对食物的最高评价是"鲜得眉毛都掉下来",这最适合形容火腿。火腿"鲜"的这个特性,在中国高汤里被发挥到了极致,八大菜系不管哪一家,吊高汤往往都用火腿。

正因为用了火腿,和西餐和日料里的高汤相比,中国高汤的味道明显更为浓郁。我去日本,一开始觉得菜很好吃,但没过几天,嘴里淡出鸟来,就想喝火腿老母鸡汤了。

所以我常说,如果没有火腿,中餐这座巍巍殿堂,就会基础不稳。

至于火腿的口感,那得区分生吃和熟食两种吃法。老外习惯吃生的,中国人习惯吃熟的。

生吃的火腿切忌囫囵吞枣,一定要好好用牙齿和舌头体会它的柔韧、细腻和润滑,那真是越嚼越香。

不过,整条的火腿很硬,真要生吃,需要专业人士使用专业工具分割,自己在家里很难搞定。有些高级餐厅,会有专门的火腿师当堂服务。日常自己吃的话,可以买分装的小包装火腿。但一定要记住,吃多少买多少,不要久存,最好买回来直接吃。在傅师傅看来,最优质的火腿最好什么也不配,否则就是暴殄天物。

当然,老外还有一种丧心病狂的吃法:把一片火腿夹在两片鹅肝中,然后撒上黑松露。集齐火腿、鹅肝、松露三大名贵食材,效果就好比在嘴里扔了一个原子弹——嘭!

中国火腿的制作环境和工艺,没有老外讲究,所以更适合熟食。清洗干净表皮,彻底切除内侧硬壳。除煲汤以外,炒、烧、炖、蒸皆可。各种蔬菜、豆制品、海鲜河鲜,放一点火腿都好吃。中国火腿，其实就是上等的调味品。

有一道淮扬名菜叫"蜜汁火方"，它的口感也是核弹级别的。火腿的核心部位叫中方，将其用冰糖和蜂蜜反复蒸三次，最后撒上桂花，吃起来肥肉软糯，瘦肉酥松，表皮Q弹，火腿特有的鲜味混合蜂蜜的清甜、桂花的香气，在咀嚼中不断地被释放，一波波冲击味蕾。这是淮扬菜的经典之作，现在苏浙沪很多饭店都有这道菜，建议点来试试，这是中式火腿的极品吃法。

说完了味道和口感，我们最后说说火腿的香气。你可能还记得，我前面说过，我们为那些高级食物付出的钱，很多不是为了嘴巴，而是给鼻子享受的。普通火腿和优质火腿的差异，就在这香气上。中外火腿店的柜台上都有一个小工具，是给你插到火腿里再拔出来闻香气的。好的火腿，首先是气味清新的，普遍都有奶香，高级的火腿甚至有木香、果香和花香。

正因为香气珍贵，生吃火腿时一定要细嚼慢咽。而熟制火腿，或急火爆炒或小火慢炖，切忌敞开锅盖大火狂煮，把香气散没了。遇到一块上等好火腿，既要懂得如何把它的香气激发出来，又要懂得欣赏它妙曼的芬芳。

上好的火腿不便宜。北上广好一点的西餐厅，一盘切好的西班牙火腿片，也就百克，能卖好几百块钱。其实，好东西也可以不用那么贵。中式火腿和西式火腿，傅师傅各有一种最喜欢的平常吃法，这里介绍给大家。

西式火腿，我推荐菜市场火腿三明治。啥意思？欧洲各地的菜市场，里面往往不止有一家火腿店，可以当场切成片，价格比餐厅便宜得多。我会这里闻闻、那里闻闻，喜欢的火腿各种都买一些。市场里还能买到面包。把火腿片夹进面包里，不妨多夹一些火腿，立刻开吃！真香啊！不光可以当场吃，这种三明治还很方便外带。火腿、面包，还有奶酪和红酒，这些在当地菜市场里买，都非常便宜。有这些好吃的带在身边，看到风景好的地方就坐下来野餐，吃一点，喝一点，简单又快活。

中式火腿，我喜欢我们上海的"一品锅"。火腿有一个部位叫火瞳，对应新鲜猪肉的部位：北方叫肘子，南方叫蹄髈。老上海有一道大菜：母鸡、蹄髈、火瞳各一只，炖一锅汤，这就是"一品锅"。

上海一品锅

我觉得这是中国火腿家常版的最佳演绎方式。

这个菜，非常简单。母鸡、蹄髈、火瞳三样原料加水和一点料酒，其他什么都不需要。火瞳隔夜泡软；三样都焯水之后，放入大锅；大火烧开，转最小火，慢炖三四个小时。具体炖煮时间：筷子能扎透火瞳，即可关火。

一定要趁热吃。如果你买的原材料足够好，能喝到四口不同滋味的汤，非常奇妙。

第一口：香气扑鼻，鲜美柔和。

第二口：切开鸡，喝汤，有鸡味。

第三口：切开蹄髈，喝汤，有肉味。

第四口：切块火瞳，喝汤，有火腿味。

最后把母鸡、蹄髈和火瞳捞出，斩件上桌。最好吃的就是那块火瞳，晶莹剔透，鲜美软糯。留下的汤，放凉以后，冷藏保存一周都不会坏。这就是家常版的高汤。建议用它烧青菜豆腐，或者下一碗阳春面做汤底。通过火腿在家里感受一下，中餐这座巍巍殿堂，它的根基是何等深厚。

最后要说明的是，经典定义的火腿，是经过长时间储存、被各种有益微生物发酵过的猪腿。拿来泡面的火腿肠，跟火腿半毛钱关系也没有，那是偷换概念的营销故事。

人生不易，要听很多假话，做很多假事。但自己吃的东西，最好选择吃真的，不要吃假的。

09　牛肉的最高境界是熟成

当今世界，牛肉的代表是牛排，牛排则代表着美式西餐。但很多朋友吃不惯带血水的牛排，我们中国人就更喜欢酱牛肉。牛肉是一道大菜，里面门道很多。这一讲，我们就聊聊，牛肉到底好吃在哪里？

说到牛肉，咱们先得知道"草饲"和"谷饲"这两个概念。"饲"是"饲养"的"饲"。散养在户外是草饲牛，以青草为主食，脂肪含量低，爽脆清甜，肉质鲜美。在室内围栏内，用燕麦、玉米等谷物喂养的则是谷饲牛，富含脂肪，肉质肥美，香气浓郁。

自古以来，我们中国人吃的都是草饲牛。其实，农耕文化下的中国人并不擅长料理牛肉。清代中期有一本集大成的菜谱：《调鼎集》。我曾一条条核对过，其中记载了猪肉菜三百一十四道，羊肉菜八十四道，而牛肉菜仅有四道，分别是：煨牛肉、煨牛舌、牛肉脯和酱牛肉。可见，牛肉并不是我们中国人餐桌上的常见菜。

这也好理解。我们是农业民族，老百姓的门头上贴着"耕读传家"。耕牛是生产资料，牛肉不能随意吃。《儒林外史》中，范进中举以后，县令请他吃饭也只敢用羊肉。县太爷是这样说的："现今奉旨，禁宰耕牛。上司行来牌票甚紧，衙门里都也莫得吃。"意思就是皇帝命令不许杀牛，不许吃牛。

倒是远在边疆的少数民族，天高皇帝远，没有那么多约束，至今保留的几种吃牛肉的方法都非常"牛"。

西藏那曲草原，秋冬季又冷又干，牧民们把宰割好的牦牛肉条直接挂在帐篷外面。一周之后，牛肉便彻底风干了。低温脱水的牛肉，可以直接生吃，肉质酥松，清香甘甜。配上滚烫的酥油茶，瞬间能量充到满格。

云南的傣族，把新鲜的生牛肉，切丝剁细，配上大量葱、姜、蒜、花椒、辣椒和本地产的新鲜香料，拌匀起筋，最后加入少量柠檬水。这道菜叫"剁生"，清爽香甜，微辣可口，口感极其鲜嫩。原始的野性，在唇齿间激荡。

贵州的侗族，他们的牛瘪火锅，那就更刺激了。把牛胃和小肠中未消化的草料全部取出，挤出汁液，将其和牛胆汁混合，再加入各种药材、香料和调味料，熬成火锅汤底。这一锅浑浊的绿色，闻着像牛粪，吃着有苦味、凉味，还有药味，最后的回味却是清香、甘甜。用这种奇妙的汤料涮新鲜的牛肉，令人欲罢不能。

这三种少数民族的牛肉料理，从不同角度发掘了牛肉的特性，水平相当之高。当然，他们吃的都是草饲牛肉。

幸亏啊，十多年前广东潮汕人发明了牛肉火锅，替中华民族的牛肉料理，又扳回了一些分数。

潮汕人按照牛肉原有肌理，把它拆分成不同部位，切成薄片涮火锅。潮汕牛肉锅讲究原汁原味：锅底只用清水，什么料都不加，

水还不能烧到沸腾；很多部位的牛肉，烫十几秒就能吃；牛肉必须是活宰的，最好在四个小时内吃掉。

极致新鲜的草饲牛肉，极致细腻的切割技术，极致简单的烹饪方法，这就是潮汕的牛肉火锅。我形容它的味道是：明明是吃了一大口肉，却感觉是在吃蔬菜，爽脆多汁清甜。

潮汕牛肉，傅师傅最推荐的有这几种：雪花、匙柄、吊龙、"胸口朥"还有牛肉丸。不细说这是为什么了，自己吃去吧，保证好吃。

还有一件趣事：前面讲的《儒林外史》中那个不敢给范进吃牛肉的县令，竟然就是潮州县令。

依据我的美食理念，广东潮汕人对草饲牛肉的理解和表达，已经达到世界领先水平。但总体而言，在牛肉这个项目上，西方人比我们强很多。他们在育种、养殖、屠宰、切割、包装和储运等全产业链的各个环节，全部做到了标准化。各主要产牛国都有一套成熟规范的评价体系，并被广大消费者熟悉和认可，做到了"一分价钱一分货"。

西餐对牛肉的各个部位有着非常精细的切割。比如，经常运动的四肢和头尾，肉质结实又多筋，适合炖煮或打碎成肉糜用作馅料。我在意大利时，发现他们那面条上的肉酱，不是用水而是用牛奶来炖的。这样做出来的牛肉酱，味道当然很浓郁。这波操作，真牛！

牛身上越细嫩、油花越多的部位，价格越贵。明白这个定价原则，你就知道，牛那些较少运用到的身体部位，比如腰背部的肉（西餐里叫西冷、肉眼），为什么要价最高。最贵的牛排，用的就是这些肉。

牛排的烹饪方式主要是煎和烤，以浓香、鲜嫩和多汁为追求目标。在西餐厅，通常点五分熟比较保险。如果一定要吃全熟的，鲜嫩多汁就不可能。不过台湾同胞另辟蹊径，先腌后烤，把全熟牛排做得柔嫩多汁。这品牌叫"王品"，是目前中国规模最大的牛排连锁餐厅。

虽然西方人的牛肉产业很发达，但当今世界公认的顶级牛肉，却是日本的"和牛"。其中，名声最响的是"神户牛"；当然，松阪牛、近江牛也不错。

2019年冬天，我与一个上海电视台的摄制组特地去日本拍和牛。

我问神户牛肉的指定交易商，神户牛是不是真的"听音乐、喝啤酒、做按摩"。人家回答说，那是个传说，呵呵。不过，日本和牛的确是谷饲牛肉的极品。牛肉红白相间，有明显的大理石花纹。脂肪越多，分布越均匀，等级越高。其中最高级的叫"霜降"，它的脂肪熔点在三十五摄氏度以下，比人体的温度还低，真正做到了入口即化。

傅师傅深入研究后发现："神户牛肉"是全世界市场营销做得最好的牛肉品牌。这个品牌的拥有者是日本兵库县政府，它规定：只有当地的纯种但马牛——公牛没有阉割、母牛没有生育，才有申请"神户牛肉"资格认证。取得资格认证后，还需经过严格测试。测试分很多科目，每个科目都有很复杂的标准。所以，世界上没有一头活着的神户牛，只有达到"神户牛肉"品牌标准的一块块的神户牛肉。

大理石花纹的神户牛肉

这些门道，普通消费者是很难搞懂的。大家只能认品牌，在政府指定的交易商那里，购买有蓝色菊花印记的"神户牛肉"。即使在日本，它的平均价格也高达每克一元人民币，每斤五百元。所以，在全世界各地的高级餐厅里，神户牛肉都是被切成一小块一小块端上来的，食客们的表情庄严肃穆。这节奏啊，就是要开始缴税了——"智商税"。

最后，我们讲讲近几年流行的一种牛肉处理方法——"熟成"。

屠宰后的牛如果不及时冷冻，就会进入普遍的尸体僵硬状态。一周之后，各种蛋白酶疯狂地工作，分解结缔组织，这会让肉质变得柔软且多汁；更重要的是，它的脂肪还能分解出多种氨基酸、肌苷酸和葡萄糖，使牛肉形成各种复杂美妙的风味。这个过程就叫"熟成"。

我年轻的时候曾从事文化人类学研究，研究对象是大兴安岭的鄂温克猎民。当时我就知道，打下的大块鹿肉露天放置一段时间，滋味会变得更浓郁。鄂温克人说："肉臭了，更好吃。"跟牛肉熟成的原理是一样的。

人类可能早在几万年便知晓肉类熟成，却是在近几年才掌握人工精准控制牛肉熟成过程的技术。现在各大牛排馆和很多米其林餐厅，都有了全自动的干式熟成库房。把整块牛肉放进库房，牛肉就会风干变硬，长出毛茸茸的霉菌和酵母菌。经过四到八周，牛肉就会变得松软，产生一股混杂着干酪、果仁和泥土的气息。

干式熟成的牛肉表面会形成一个厚厚的皮壳，吃的时候需要全部削去。一块新鲜牛肉，熟成时间越长，皮壳就越厚。以一块

干式熟成牛肉（Wolfgang）

标准的四十九天熟成牛肉为例，熟成后至少要削去三分之一的分量。这样一块五百克牛排，餐厅售价大约一百美元。虽然有点贵，但与那美妙的滋味相比，花这个钱还是值得的。如果在欧美旅行，看到餐厅有专门的房间储存一块块貌似风干的牛肉，建议点一份试试味道。

我研究过干式熟成技术，其实各种肉类都可以拿来熟成，但最适合的还是牛肉。因为牛肉的脂肪特别多，而且是以雪花状分布于肌肉间，入嘴的每一口都是油包肉，这油就是汁水、滋味和香气的完美结合。而其他如猪、羊等各种家禽都没有这种雪花肉。

在熟成的早期，大约三周时间，肉质就逐渐变得柔软细腻；在此之后，肉质基本保持稳定，脂肪开始转变。七周是熟成完成的标准时间。但有些追求极限风味的餐厅，会将这个熟成过程延长至二十周以上。七周以上的干式熟成牛肉，每一块肉都不一样，每一家餐厅都不一样，这种极致的美食体验值得美食爱好者们不断冒险尝试。

如果你恰好喜欢红葡萄酒，那就是进入完美世界了。

西餐厅的牛排贵，干式熟成的更贵。好在，我们可以自己在家里复刻。下面傅师傅就教你搞定牛排。

如何网购牛排：

认定澳大利亚、乌拉圭和阿根廷的谷饲牛排，货源多，质量稳定，价格最实惠。认准大店买，各家差不多，谁家便宜就买谁家的。但一定只买原切的，而且切得越大、越厚，越好。那些很便宜的号称"家庭套餐""调味""腌制"的牛排，很可能是碎肉拼接的，千万不要买。就这么简单。

如何做好牛排：

1. 先用酱油和黑胡椒腌牛排过夜；

2. 腌好的牛排放在零摄氏度保鲜，一个星期没问题；

3. 铸铁平底锅烧到冒烟，橄榄油煎迷迭香；

4. 牛排放入平底锅，两面各煎半分钟；

5. 烤箱 250 摄氏度预热，牛排两面各烤两分钟；

6. 翻面时，记得在牛排上放一小块黄油；

7. 取出后，醒五分钟；

8. 放入在微波炉里加热过的盘子，撒盐和黑胡椒，开吃。

做法解释：腌制是为了补味；油煎迷迭香是为了提香；两面煎是为了锁住水分；翻面放黄油是让牛排更肥、更香；烤好的牛排醒过五分钟，肉质会回软；热盘子保温，牛排的香气能更好散发。

请注意：牛排厚薄、各家锅具和烤箱不同，各人对牛排成熟度的要求不同，所以傅师傅建议所有程序保持不变，但可以调整烤箱的时间多试几次，直至找到自己喜欢的最佳口感。

10　羊肉的最高境界是清炖

羊大为美，鱼羊为鲜。中国古人造字那时候，羊肉的地位已很是崇高。西方的创世纪故事，亚伯拉罕献祭亲生儿子，上帝领受他的忠诚，让他以活羊为替。可见，羊肉的地位也很崇高。

中国古人将牛、猪、羊一起用于祭祀，并称"三牲"，这是最高规格的敬献。所以写美食鉴赏书，把猪、牛、羊究竟好吃在哪里讲清楚，这是必须的。按我"以食材为原点"的美食鉴赏理论，"三牲"之中，我最推崇羊肉。

猪肉的优点是肉质细嫩，缺点是滋味寡淡，尤其是在大规模工业化养殖的"科技与狠活"时代，这一缺点更为突出。因此，烹饪猪肉需要各种调料和香料来弥补这一缺点，其中最主要的一味是酱油。东坡肘子红烧肉，九转大肠熘肝尖，这些最著名的猪肉菜，都离不开酱油。上海小笼包，肉馅里不放酱油，被称作"白味"，这是极难的，非最好的猪肉不可为。您读过本书，再去吃小笼包，如果咬开里面有酱油色，那就不是正宗的。

牛肉的优点是滋味浓郁，缺点是肉质粗硬，故烹饪的难点不在调味，而在火候。烹饪牛肉的关键是"很生或很熟"：牛肉很生的时候，细嫩软糯，所以外国人吃牛排最多五分熟；牛肉一旦断生，就迅速变硬变老，难以咀嚼吞咽。"很熟"的意思就是长时间炖煮，使之彻底变软变烂，譬如香港的九记牛腩。潮汕人想出来按牛肉肌理精细分割不同部位，然后切成薄片烫火锅，这一波操作，出神入化，佩服佩服。

猪腿做火腿，牛肉做熟成，针对各自的特点，通过"提升与优化"的工艺，使原食材本身达到巅峰状态。两者不能对调：牛腿做火腿，肉质将粗糙不堪；猪肉做熟成，滋味依旧寡淡。在"吃"这个项目上，人类有着无穷无尽的创造力和想象力，"吃"也是我们文化多样性的重要组成部分。

说回羊肉，它不但肉质细嫩，而且滋味鲜美，可盐可甜，可"萌"可"御"，"撩人"得很！

当然也有不喜欢羊肉的人，他们主要是嫌弃羊肉的"膻味"，老上海人鄙称其为"羊骚臭"。吃生大蒜可以解羊膻味，但对上海人来说，这是土匪与强盗的关系，都难以接受。"膻"与"山"同音，羊膻味重的是山羊。南方多山羊，北方多绵羊。草原上的绵羊，非但不膻，而且自带奶香味儿。

羊肉之羊膻味，主要源于 4- 甲基辛酸、4- 乙基辛酸、4- 甲基壬酸这些化学成分，此外还有一些微生物的影响。南方人烹饪山羊肉，放入葱、姜、蒜和花椒、香叶等香料，香料中的松油醇、丁香酚、香油酚酯、桉叶素与上述"4"开头的三种支链脂肪酸能发生化学反应，能减轻膻味。总之，如何去掉羊肉的膻味，是南方人烹饪羊肉的第一要务。

南方人吃山羊是连皮一起炖的，做法是加各种调料，烹制出复杂深邃的滋味，搭配以各种主食。著名的有：江苏苏州的木桶羊肉，浙江湖州的红酥羊肉，贵州遵义的虾子羊肉，粤港澳的南乳羊肉。

南方人还有在冬天吃羊肉的习俗。中医认为羊肉是热性的大补之物，"羊"与"阳"同音，多吃羊肉可以壮阳，蓬勃激情。可见，所谓美食鉴赏，根本上是由理念决定的，哈哈！

木桶煮出来的苏州羊肉

北方人吃去皮的羊肉。因为对草原民族来说，羊皮是重要的生产和生活资料。内蒙古、新疆、青藏高原，地上跑的羊群比土里长的粮食还多。在当地人看来，羊肉就是主食，他们并不认为羊肉具备什么滋补养生的功效。相反，羊肉吃多了，还需要浓郁的酽茶，以促进消化、补充维生素。对他们来说，茶叶的滋补养生功效，远远胜过羊肉。

北方最好的羊，并不是在绿色的大草原上，而是在黄色的半荒漠中。盐碱化土壤里长出的杂草和灌木，含盐含碱，羊吃了这些植物，肉质更加香醇鲜美，而且没有膻味。

宁夏盐池县地处鄂尔多斯台地向黄土高原过渡的半荒漠地区，特殊的土壤、水质和植被，养育出了著名的盐池滩羊。辖区首府吴忠市有一道特色美食"凉手抓"，即滩羊肉清炖之后放凉了再吃，没有一点膻味，而且回味有奶香。冷的羊肉也能如此好吃，可以想象这羊肉品质得有多好！

新疆有着辽阔的半荒漠地区，茫茫戈壁更适合羊群生长，而不是牛马。新疆羊大，肉也不膻，适合用来烤着吃。维吾尔语"喀瓦甫"，就是烤肉。肉串仅蘸盐水，撒上本地孜然，高温烘烤下，那股标志性的新疆味道便悠然飘出。全中国论烤羊肉串，新疆是当之无愧的第一名。

内蒙古是我国最大的羊肉生产基地。大草原的羊草、羊茅和冰草，以及沙葱、甘草和百合等药材，再加上没有污染的水源，让羊儿生活得特别惬意，肉质也就特别鲜嫩和肥美。当地人对自家羊肉

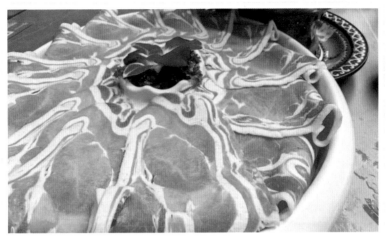

品质的信任，体现在他们的做法上：只用清水煮熟——这叫"手把肉"。内蒙古羊的脂肪细嫩，清水稍稍煮一会儿就熟，口感软糯鲜美，蘸上草原特产的野韭菜花，讲究的就是一个豪放带劲！

北京人引以为豪的涮羊肉，那肉就是从内蒙古大草原来的。这吃法的原型就是清炖，无非是按不同部位更加精细地切割羊肉，使细嫩的更细嫩、肥美的更肥美。我个人是很反对用芝麻酱和花生酱打底做出来的涮羊肉调料，因为它掩盖了羊肉本身的美味，只取其触觉上的口感。吃多了很无聊，没有什么变化，全都是那一个味儿。

清炖羊肉还有一种变形是羊肉水饺。纯羊肉馅，葱末和盐拌起，主打纯粹的鲜美。一口羊肉水饺，一口生大蒜，吃完再喝一碗煮饺子的原汤。我认为，这是整个中国北方地区，令人无法抗拒的第一美味。

最后讲解一下，自己在家里，如何清炖羊肉？

1. 现在电商发达，可以在网上买一整块羊肋排扇，产地内蒙古、新疆、宁夏的滩羊更好。秋天能买到现宰冰鲜的，其他时间只有冷冻的。

2. 再买几袋内蒙古的野韭菜酱。这东西你如果能买到，那便是正宗的。因为这是在草原上野生野长的，作假比求真还贵。

3. 羊排，顺着肋条割开，温水浸泡并洗净。反复多搞几遍，直到没有血水渗出，水色清澈透亮。

4. 要一口大锅，放羊排，倒清水。水量是羊肉重量的五倍，务必是凉水，能加些冰块最好。

5. 锅里配料：一根洗净的大葱，一把你认为正好的盐。除此之外，不再需要任何调料和香料，料酒也不要放。

6. 煮开两分钟，关火焖两分钟，取出就能吃。记得蘸野韭菜花酱。

"最优质的食材，往往只需要最简单的烹饪。"最美好的人生，就是这样朴实无华，却又深得其中真味。

11 鸡、鸭、鹅，妙在何处？

俗话说：四只脚的没有两只脚的好吃，两只脚的没有不长脚的好吃。我的这本美食鉴赏书，要对各种食材、调料和酒水饮料做出全景式的描述，这是我一开始就确立的篇目结构。前有三讲猪、牛、羊，后有一讲河鲜、湖鲜、江鲜和海鲜；夹在中间的这一讲，必然是鸡、鸭、鹅。

我从小在上海长大，所以我最熟悉、最喜欢的食材品种和烹饪方法，是上海本帮菜和周边的苏浙皖菜。除此之外，我还熟悉且喜欢粤菜，尤其是潮州菜。我也在北京住过很长一段时间，有些京味也是我"好的这一口儿"。当然，各种各样的外国菜，我都愿意尝试，但不能常吃。要是出国久了，我就会想喝一口老母鸡汤：泛着金黄色的鸡油，飘着碧绿色的葱花，真是叫人心心念念！

鸡

对我来说，鸡的最大妙处，在于汤。上海人形容美味的天花板是"鲜得眉毛掉下来"。这个鲜味的标准诠释，就是鸡汤。炖鸡汤再加上火腿，这是各种高汤的基础配方，八大菜系都会用到。如果没有这高汤，也就没有鲍参翅肚了。

鸡汤要好喝，须用散养一年以上的老母鸡。鸡与水的比例1：1（多重的净鸡用多重的清水），大火烧开水，撇去浮沫，转最小火煨五六个小时，起锅时把骨肉皮全部过滤掉，只取纯粹的鸡汤。

老母鸡汤油多，舀出大部分鸡油，冰箱冷藏。吃面条和馄饨时加一小勺，比猪油好太多。务必保留薄薄一层鸡油，这是鸡汤的灵魂，不但醇香而且保温。秋冬天喝一碗撒上葱花的滚烫鸡汤，能治愈一切烦恼。

喝鸡汤，仅需加盐调味，其他什么都不要放。盐，一点一点放进去，不断地品尝汤味的变化，在你觉得的最佳位置停下。"盐是百味之帅"，你将对此有深切体会。

香港的陈梦因先生，是中文报纸美食专栏的开创者。他有一本美食合集《食经》，迄今七十多年，依然是美食评论的巅峰之作。

他写过一篇《如此盐焗鸡》，文中揭露奸商用取过鸡汤的鸡做盐焗鸡。方法是这样的："将失去鲜味的鸡放在有味精和五香粉的猪油盆里浸过，等鸡身吸进了味精、五香、猪油才取出，斩开，撕件，奉客。所以吃过这种盐焗鸡，只觉得缺少鸡的本味，吃后且口干异常。"

陈先生在那个年代，就痛批"味精菜、化学菜"，引发餐饮老板的强烈不满。我读到他的大作后，心生崇敬，视之为楷模。美食家遵循的底线应是自己的品鉴标准，不能收了饭店老板的钱，就无底线地鼓之吹之。

老母鸡炖汤留下的鸡杂，用来炒青菜，正是本帮的名菜"炒时件"。前文说，冬天上海的炒青菜，是我心中的美食；如果用这鸡杂炒上海青，那就是极致美食。配一碗大米饭，"打耳光也不会放"。

老母鸡鲜美醇香，适合煲汤；而低龄鸡细腻滑嫩，滚水烫熟白切是最佳烹饪方式，上海称之为"白斩鸡"。本地专营白斩鸡的大型连锁餐饮，就有好几个品牌。我对各种化学合成的调味料、添加剂、防腐剂，极度抗拒。所以我在上海叫外卖，主打白切鸡：鸡腿部位配一碗鸡粥，干净又美味。

烫白斩鸡，火候和水温是关键。恰到好处的状态是鸡骨髓带有血色，贴骨边的鸡肉微有血丝。还有，滚水里出来的整鸡，立刻投入有大量冰块的冰水桶，这样出来的鸡皮才会爽脆。

最好的上海白切鸡，选用浦东本地的阉鸡，叫作"上海镦鸡"。

白斩鸡

被阉割过的公鸡，性情大变，没有攻击性，能安心成长。又大又肥又嫩又鲜的镦鸡，做成白斩鸡后，皮肉之间有一层半透明的啫喱冻，口感细嫩，鲜美无比。它的最佳蘸料是纯手工酿造的酱油。

烫过鸡的汤水，店家可以用来烧粥。一碗只要几元钱的鸡粥，是上海滩最便宜的美食之一。

鸭

鸡汤好喝须老母鸡，鸭汤好喝须老公鸭。老母鸡汤是鲜香味，老公鸭汤是鲜甜味。产生这种差异的原因在于不同的生长环境：老母鸡散养在山间林地，老公鸭散养在水域浅滩。由此产生的生理的不同，造成了各自风味的不同。

民间传说："三年老鸭是补药。"这"老鸭"是指公鸭而非母鸭。因为母鸭养老了，气味腥膻，难以食用。我自己多次实验，真正的老公鸭，经过长时间清炖，味道是清甜、新鲜的，鸭龄越长，这味道越浓郁。你喝到的老鸭汤，如果没有明显的鲜甜味，那很有可能是店家在骗你。

同样的，浙菜的火腿笋干烧老鸭汤，川菜的酸萝卜烧老鸭汤，如果卖价便宜，大概率是配料掩盖主料的作弊菜，与真正的老鸭没啥关系。街边小店的老鸭粉丝汤，肯定不会用到老鸭，也可能会添加工业生产的老鸭汤香膏。

老鸭汤的正确做法是突出它的鲜甜和滋补，天热了喝冬瓜薏米老鸭汤，天凉了喝虫草花菇老鸭汤。正确吃法是炖一锅做主菜，配大米饭就可以，一次吃个够，一次补到位。对待珍贵的优质食材，我们必须保持应有的尊重。

真正老鸭，获取不易，价格不菲。但老鸭的鲜甜味，其实鸭蛋里也有。鸭蛋和面，不加一滴水，这样做出的手擀面，是普通百姓也能享用的美味。腌制得法的咸鸭蛋，嗞嗞冒油，依照傅师傅的美食观，这就是顶级的美食。

我在北京生活过很久，北京菜系的餐厅很难按四季食材，摆出一桌符合我美食观的宴席。因此，我对京菜的最高评价，也就是好吃的家常菜。但北京烤鸭，却是中华美食的一道极致单品，征服了

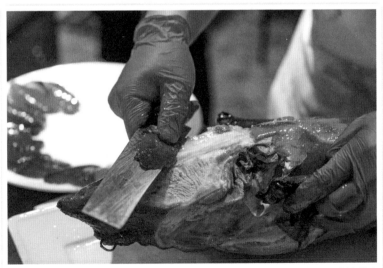

北京烤鸭

全世界人民。

北京烤鸭原材料是北京填鸭。这种鸭子被特殊的方法人工催肥后，全身皮肉之间饱含大量脂肪。屠宰清理后，关键在于制坯的环节：把鸭子吹至圆圆滚滚，刷上麦芽糖酱，悬挂晾干。

传统烤鸭用果木做柴，方法有明火挂烧和暗火焖烧，前者的代表是全聚德，后者的代表是便宜坊。现如今北京城规定不得烧柴，各家烤鸭名店只能研发出各式用电或用气的烤炉。烤炉，成为新一代的镇店之宝。

填鸭、制坯、烧烤，这一系列流程的目的，就是为了把鸭皮搞到酥松且芳香。所以，每家餐厅都是派专人当场把烤好的鸭子，连皮带肉，一片片地片给您，这是必定的程序。

北京人吃烤鸭的标配是六必居甜面酱：拿它蘸鸭片，搭配羊角葱，裹在荷叶饼里或塞在芝麻空心烧饼里。烧饼和荷叶饼，也是衡量烤鸭店水平的关键指标。

与时俱进，现在吃北京烤鸭还有配鱼子酱和黑松露的；片鸭子时还有敲大铜锣的。这一波操作下来，仪式感瞬间拉满。仅凭这一道北京烤鸭，就能撑起一桌宴席，而且中外通吃，成为中华美食的代表作。

吃烤鸭，要注意两点：

1. 越热越好吃。站在师傅边上，他片一片，你吃一片，是最好的。

2. 片下来的鸭架，当场打包。自己回家熬一碗汤，吃鸭汤面。

鹅

老母鸡和老公鸭，炖汤是极品。但鹅，无论公母老幼，都不宜炖汤，因为腥膻有余，鲜香不足。

广东人擅长治鹅。有一道古菜：葱姜蒸鹅。嫩鹅洗净，肚子里抹上麻油，塞满葱、姜并缝起，大火蒸一个小时。这样做的目的，就是为了去腥增香。鸡鸭无须如此。

鹅的主食是青草，它的滋味不鲜也不香，但胜在肉质纯净，除了腥味没有其他异味、杂味；并且体形硕大，皮厚肉肥。这两项加在一起，使之成为最适合卤、腌、烤的家禽。

卤味那讲，我已讲过潮州卤鹅究竟好吃在哪里，以及为什么会这样好吃。这里就不再多说了。

江苏和上海地区，冬天会把大鹅宰杀，抹上白酒、花椒和海盐，撑开、吊起、晾晒。冬天气温低，鹅肉不会变坏；暖阳拂煦，蛋白质发酵变性，幻化出鲜味和香气，这就是腌味，我们叫作"风鹅"。风鹅是冬季特有的美味，拿来炖蔬菜、豆腐、粉条，都很好吃。我甚至觉得，就我提出的"风味"这一形容食物的综合概念而言，"风鹅"是最佳的例子：滋味、口感、香气，三者俱佳。

鹅油在冬天也不易凝结。它的脂肪酸构成和橄榄油相似，都富含不饱和脂肪酸，有助于保护心脑血管，是非常有益健康的动物油脂。《红楼梦》第四十一回中，贾母请刘姥姥吃了两道甜点，其中一道就是鹅油做的松穰鹅油卷。这道点心我们现在吃不到，但能买到福建和台湾的特产：红葱鹅油。它配任何米面主食都很好吃。

新鲜的鹅肠，爽脆鲜美，烫火锅是一绝。

中国的鹅肝与法国的鹅肝，是两个不同品种。法国鹅肝是经过人工手法催肥的，就像北京填鸭。法肝丝滑美妙，是全世界公认的顶级美食，但脂肪含量实在太高，不宜多吃常吃。

综述鹅肉，我认为广东烧鹅是巅峰。

广东烧鹅，其实与北京烤鸭是一个路数，传说是当年广东清远的厨师去京城偷学来的。广东烧鹅，选用的是乌鬃鹅，骨骼娇小，柔嫩多汁。同样做坯，同样焖烧，但是鹅的体形比鸭大很多。皮同样酥脆，鹅肉却肥厚很多。烤鸭主要吃皮，烧鹅却皮肉皆美。烤鸭配甜面酱，烧鹅配酸梅酱。酸梅酱能解腻提鲜，更胜一筹。

广东烧鹅

香港中环的一乐烧鹅是我心目中的第一烧鹅。我最喜欢他家的烧鹅腿，皮酥肉软，鲜美多汁，配一碗米粉面条，非常满足。

说一条冷知识。著名的"深井烧鹅"，并非真的要在"深井"里烧，而是在一个像井一样的深坑里。这一方法类似北京烤鸭的暗火焖烧。上等的广东烧鹅，依循古法，用荔枝木烧，自然有清香、清甜味。

傅师傅将我认为的鸡、鸭、鹅的妙处都讲完了。这一讲明显带着我的个人偏好。全国、全世界各地，鸡、鸭、鹅的料理方法，种类繁多，精彩纷呈。每一位美食爱好者，都有自己心目中的最佳鸡、鸭、鹅。

傅师傅只是在这里"借假修真"，阐述我的美食观。读者只要明白我说的美食鉴赏原理，就不必纠结于孰高孰低了。

12 河鲜、湖鲜、江鲜和海鲜的鄙视链

很多人以为上海在海边，可以天天吃海鲜，其实不然。上海离海边有大几十公里，当年的道路没有高速，家里没有冰箱，我们吃到的海鲜都不新鲜。上海老房子里煎咸带鱼的味道，臭嚜嚜……这才是我们挥之不去的童年记忆。

南京西路梅龙镇广场的原址是一个菜场，曾经堆满大黄鱼，只要五毛钱一斤。当年的本帮饭店，把不新鲜的大黄鱼油炸定型，糖醋浇汁，做成一道"糖醋大黄鱼"。目的是掩盖已经变质的黄鱼味道。

等到 21 世纪初，不远处的南阳路贝公馆开出第一家新荣记，时髦的上海人惊叹：新鲜的大黄鱼，竟然这么好吃！

老上海人吃鱼，有一条鄙视链：河鲜不如湖鲜，湖鲜不如江鲜，海鲜最不灵，垫底。为什么呢？

江南地区，水网密布，但是水浅土腥，夹杂着机动船的汽油味，家门口河湾港汊里的鱼虾蟹贝，味道并不是很好。

而上海附近的淀山湖、阳澄湖、太湖，水面开阔，烟波浩渺，原生态的湖鲜没有异味，味道纯净鲜美。

但最好的是长江。那些在江海之间洄游的鱼类，肉质细腻紧实，

还有特殊的香气。刀、鲥、鮰、豚，并称长江四鲜，位居鄙视链的顶端，傲视群雄。

国家规定，2020 年至 2030 年，长江十年禁捕。所以，最近这些年我们不能吃江鲜。好在 2030 年并不遥远，所以我们这里先讲讲位居江鲜之首的刀鱼。

俗话说："清明前吃刀鱼。"这是为什么？清明节前，乍暖还寒。江水干净，长出些微的水藻，有特殊的清香之气。此时，刀由海入江，自东向西，不断向上洄游。它什么都不吃，只喝长江水，通体浸润江水的味道。

这一缕味道，就是一江春水向东流的味道，寄托了中华文人的千古情怀。苏东坡有诗为证："还有江南风物否，桃花流水鮆鱼肥。"桃花就是春天，鮆鱼就是刀鱼。

"明前刀"，如何做？

先用纸把鱼身上的水分

清蒸长江刀鱼

尽量吸干，让高温蒸汽能迅速渗透进去，撒一点点盐和几片切得极薄的猪膘油，其他一概不要。锅里烧开水，鱼小蒸三分钟，鱼大蒸五分钟。

按这个方法蒸出来的刀鱼，鱼的大骨边上泛着微红，鱼肉刚刚断生，入口即化。

因为没有太多的调味料，明前刀鱼的香气得以完美保留。鱼肉入口的刹那，犹如此刻正在站在长江边上，长江之水，浩浩荡荡，滚滚向东而去。

懂行的餐厅，刀鱼上桌时，不会让鱼头对着主宾，而是让鱼头对着西方——这是刀鱼逆流而上的方向，是对大自然恩赐美妙生灵的礼赞！

2030年初春，让我们相约长江之刀。

这条鄙视链的底层逻辑，正是我在前文第二讲《如何吃，才算真的会吃》中提及的人类三大感觉系统：味觉、触觉和嗅觉感知食物的方式。

对应这三大系统，水里的鱼虾蟹贝，若有上等风味，那应该是这样的：味觉，鲜美甘甜；触觉，细腻软糯；嗅觉，芬芳馥郁。三者皆备，才是食材和烹饪俱佳的顶流美食。

序言《享受美食是一种能力》中引用了黑格尔的一句话："美是理念的感性显现。"意思就是，审美活动需要一套先入为主的理论观念。中国人推崇刀鱼，正是源于自古"天人合一"的理念。

河鲜、湖鲜、江鲜，这里都说清楚了，我们再回头说说海鲜。

科技进步，国运昌盛，上海人现如今终于能吃到新鲜的海鲜了面对像黄金一般金光灿烂的大黄鱼，银光闪闪、像一条舞动的不锈钢带的带鱼，他们惊叹：我的天哪，海鲜原来是这样的啊！

效仿东瀛传过来的刺身吃法，龙虾、海胆、金枪鱼，生吃非但不会拉肚子，而且味道甘甜。这种来自大海的天然甜味，是我们之前从来没有吃到过的。刺身还有一个好处——肉厚无骨。从小就怕被鱼刺卡住喉咙的担忧，现在被完美解破了。

2016 年初，美团收购大众点评后，王兴到上海找我，商量做一份美食榜单（就是后来的"黑珍珠"）。我研究大众点评后，发现上

刺身拼盘

海人最喜欢的餐厅，前几名居然都是日本料理。当时如果有外地人到上海找最好的餐厅，恐怕感觉像是到了东京。

最近几年，上海的餐饮业突飞猛进，榜单上最好的餐厅已不再是日料。反倒是日本美食界的朋友到访上海，我请吃"雪菜大汤黄鱼"，他们大惊：从来没有吃过香气这样浓郁的海鱼，你们为什么还要到日本吃刺身呢？

是哦。日料的海鲜，滋味鲜甜，口感细腻，但就是几乎没有香气。那么，我国海鲜的香气是从哪里来的？为此，我特地请教了上海海洋大学的陈舜胜教授。

陈教授早年留学日本。他说日本是岛国，四周没有大陆架，都是寒冷的深海，所产的鱼虾蟹贝自然肉质紧实，味道纯净。我国东海则不同，东海海鲜的特殊风味来自东海独特的地理位置和环境。长江、钱塘江、瓯江、闽江这四大水系的入海口都是东海，巨大的淡水流量形成低盐海域，富含多种天然饵料，构成了特别优良的海洋生态环境。

此外，东海属于欧亚大陆板块的延伸部分，海底平坦，多种水团在这里交汇，加之亚热带季风气候，温度适宜，为各种鱼类提供了良好的繁殖、索饵、越冬环境。

尤其是舟山群岛附近海域，犬牙交错的岛礁形成了大量海床空间。在千百万年的自然演化过程中，各种鱼、虾、蟹、贝都能在此找到属于自己的归宿。

简单讲：吃得好，住得好，天气还好，它们活得舒舒服服，当然又香又肥！

原来是这样啊！我自己也感觉，走遍全世界，最好的海鲜就在我国东海。上海知名的两家餐厅：新荣记来自东海边的台州，甬府来自东海边的宁波。刚好两家的老板都是我的好朋友，我就建议他们不要再说自己是台州菜、宁波菜，干脆号称"东海菜"，直接占据鄙视链的顶端！

2030 年，长江开渔。休养生息十年，江鲜肯定又多又好，到时候不妨与东海海鲜一决高低，看看是谁能占据上风！

13　大黄鱼的水很深

　　大黄鱼的水很深。贵的，高级饭店一条大的，敢卖几万元；便宜的，菜市场十块二十块也能买一条。它们都叫大黄鱼，长得也差不多，价格却相差这么大。那么请客吃饭，你还敢点大黄鱼吗？

　　大黄鱼是我国的传统海产，主要有三大种群，分布在浙江、福建和广东沿海。浙江的舟山群岛靠近长江入海口，水流湍急，养料丰富，所以那里出产的大黄鱼质量是最好的。

　　其实在我小时候的20世纪70年代，大黄鱼并不值钱。上海的陕西北路菜场（即现在的梅龙镇广场所在地），秋天遇到黄鱼大丰收，五角钱就能买一条，用来酱油红烧或者咸菜烧汤，味道不错，可以多吃一碗饭，但也不过如此。当时的上海宴席，普通的，用太湖的鳊鱼或鳜鱼；高级的，用长江的刀鱼或鲥鱼。大黄鱼不过是家常小菜，上不了台面。

　　但70年代前后，发生了一个"伤天害理"的大事件，最终导致中国近海的大黄鱼几乎灭绝。

　　最早是广东和福建渔民发明了敲竹杠捕捞大黄鱼的方法，叫作"敲罟（gǔ）"。这是一种利用声学原理捕鱼的方法。几十条渔船围住鱼群，一通狂敲竹板、竹杠，发出巨大声响。这声音与大黄鱼脑袋中的两枚听骨耳石产生共振，就会使其昏死过去，漂到水面，最后被一网打尽。

70年代，这种方法传到了浙江。舟山地区曾出动两千多条机帆船对大黄鱼进行超大规模围捕，创造了史上捕捞大黄鱼的最高纪录的同时，也对其种群造成了毁灭性打击。

从此以后，野生大黄鱼少了，想吃它的人却越来越多。十多年前，一条一斤多的东海大黄鱼，价格已突破千元；现在，一条五斤以上的野生大黄鱼，售价可能超过十万元，比一辆汽车还贵。

我小时候看到的和吃到的都是冷冻大黄鱼；大约十年前，在上海新荣记饭店，我才第一次见到鲜活的大黄鱼，感到非常震惊——它通体金黄，金光闪闪，尊贵无比。

一块黄灿灿的大黄鱼

最推崇大黄鱼的是温州人。他们觉得这是一道高级大菜，寓意富贵吉祥。逢年过节，尤其是举办婚宴，必备大黄鱼。我有一个朋友是温州最大婚庆酒店的老板，他说每天都要用几百条大黄鱼，而且必须是野生的，养殖的骗不了温州人的。温州人喜欢野生大黄鱼，而鱼的数量又越来越少，那价格能不贵吗？

那么，十元二十元一斤的便宜大黄鱼，又是怎么回事呢？

这有赖于科技进步。大约在三十年前，福建宁德地区便取得了大黄鱼近海养殖的技术突破；大约在十年前，浙江舟山地区又取得了大黄鱼深海养殖的技术突破。所以，同样是一斤大小的大黄鱼，普通养殖的一二十元一斤，深海养殖（半野生）的一两百元一斤，纯野生一两千元。每高一个等级，价格就差了一个零，太夸张了！

最近一两年，市面上还出现了一种"灌汤大黄鱼"：厨师把黄鱼的内脏和大骨取出来，保持其外形完整，然后往它的金黄皮囊里灌入火腿、干贝、蟹黄、鱼翅等名贵食材，或蒸或烧或烤，上桌时一刀切开，汤汁四溢，"五味杂陈"。

问题是，拿这些材料直接煨黄鱼不也一样吗？如果真是一条野生大黄鱼，何必要这样折腾呢？答案是：这是一种生意经。各家饭店、各路厨师都在发挥聪明才智，研究如何把低一级的大黄鱼卖出高一级的价格，或者把最高级的大黄鱼卖出更高级的价格。

按照我的美食观，三种不同等级的大黄鱼分恰可以别对应三种不同的烹饪方法，从不同角度激发它们各自的食材特性，这就叫作：天生我材必有用。下面傅师傅将为你逐一讲解。

(1) 真正的野生大黄鱼，最要紧的是保留与还原。

野生大黄鱼终年在大海中游弋，与大风大浪搏击，所以体形修长，肉质紧实，跟人工养殖的大黄鱼在外观上就有明显差别。

野生大黄鱼有特别浓郁的鲜香味，而且这味道独一无二。点菜时，务必要求店家清蒸。这么好的鱼，调料只要盐、葱花、料酒，几片切到极薄的猪膘油，其他一概不要。懂行的厨师会用纸尽量吸干鱼身上的水分，以减少蒸鱼的时间。另外，记得提醒服务员带话给厨房：务必把这条鱼蒸到"骨中带血，正好脱生"，千万别蒸老了，不然坚决退菜。如此一来，后厨就知道席上有行家，必须精心对待，调包换鱼就更不可能发生了。

怎么检验黄鱼蒸得好不好？如果是最新鲜的上等货，蒸好上桌，鱼鳍是根根竖立的；筷子拨开鱼背，鱼肉蒜瓣状片片分明；大骨边上泛着微红，鱼肉刚刚断生，富于弹性，味道鲜美，香气扑鼻。

(2) 深海养殖（半野生）大黄鱼，应该用搭配与平衡的方法处理。

这种鱼是在深海的围网中长大的，海水干净，鱼身无异味；缺点在于活动范围不够大，吃到的东西不够丰富，所以鲜香味肯定不如纯野生大黄鱼。

这种大黄鱼，傅师傅最喜欢的吃法是堂灼。做法是这样的：先取几条新鲜的小黄鱼，用猪油煎到两面金黄；加入滚水，大火煮到乳白色后取出小黄鱼，滤净汤汁，加一把碧绿的雪里蕻咸菜，煮沸待用。店家会把大黄鱼去骨、剖片，当着客人的面，在烧滚的奶汤中烫熟鱼肉，便可享用。

雪菜小黄鱼的奶汤，又香又浓，足以弥补半野生大黄鱼的滋味不足。烫熟在碗里的鱼片看不出是否有蒜瓣儿，也就无须再花功夫鉴别真伪。

（3）普通养殖大黄鱼，如果下功夫提升与优化，一样是美味。

这些大黄鱼养在海边密集的网箱里，就好比工厂里养的肉鸡，优点是便宜，缺点是味道寡淡。

傅师傅的办法是：给它抹点盐和高度白酒，挂起来晾干。晾晒的过程中，微生物会使鱼肉轻度发酵，它的味道和香气会变得更加丰富。这种鱼干，古人给它起了一个专用名字，叫"鲞"。如果懒得自己晾晒，也可以买现成的。

黄鱼鲞红烧肉是不错的美味，喜欢鲜美味道可以加冰糖烧，喜欢香辣味道可以加辣椒烧。下面是我推荐的菜谱：

黄鱼鲞红烧肉

备料：黄鱼鲞和五花肉各一斤，黄酒、酱油、冰糖、生姜片和干辣椒。

1. 黄鱼鲞洗净、晾干，切成一寸宽的块状。

2. 五花肉切成一寸见方，不焯水，直接下锅，小火煸炒至出油，转大火下黄鱼鲞和生姜片翻炒至香气四溢。

3. 另用小锅，取一百克冰糖熬焦，加一碗水调开，倒入鱼和肉的大锅。

4. 大火烧开，加几勺黄酒和酱油，转最小火，煨烧两到三个小时。

5. 开大火，并放入干辣椒，收汁后起锅。

鱼肉的干香、猪肉的丰腴，两者组合在一起，光用酱汁拌饭，就能多吃一碗。

黄鱼鲞红烧肉

你看，三种不同价位的大黄鱼，用傅师傅的美食理念与烹饪方法，都能各尽其才，皆是人间美味。

最后说一句，前面用来熬汤的小黄鱼，并不是还没有长大的大黄鱼。虽然它们长得很像，味道也差不多，却是两个不同的物种。小黄鱼的种群没有被破坏，活得好好的，所以都是纯野生的，较少人工养殖。

野生小黄鱼很便宜，干煎或红烧都可以。前面的奶汤雪菜小黄鱼，把最后的半野生大黄鱼片换成新鲜小黄鱼片，用来煨面，就是上海滩大名鼎鼎的"雪菜黄鱼面"，鲜得眉毛都掉下来了。但仔细想想，过去这碗面，竟是用野生大黄鱼做的，价格比鸡丝面还便宜，真叫人无比唏嘘。

14 大闸蟹是中国的极品美食

前面讲过的鲍参翅肚，虽然被哄抬到中国菜肴的顶峰，但那些食材大多是来自国外的干货，不能算中国本土的顶级食材；东海的黄鱼和长江的刀鱼虽然是中国的，但现在也几乎绝迹，很难吃到了。

大闸蟹就不一样了。它不仅是纯正的国货，顶级美味，而且产量巨大。大闸蟹学名"长江水系中华绒螯蟹"，它出生在长江入海口，上海崇明岛附近水域。打开地图，可以看到崇明岛、阳澄湖、太湖东岸连成一线，直线距离只有一百公里。这里水网纵横，湖泊密布，非常适合大闸蟹生长。

鲜活大闸蟹，通过古代天字第一号速运航线"京杭大运河"，南抵杭州，北达南京，这个范围大致等同苏浙沪包邮区，也就是经济最繁荣、文化最昌盛的江南地区。于是，这里诞生了大量关于大闸蟹的诗歌和文章；而江苏地区出名的"醉蟹"，则历来作为贡品，敬献皇室。

《南史》中也有一段文字材料，说是当时的建安太守（相当于现在的南京市市长）何胤"侈于味，食必方丈"，就是说他喜欢吃好东西，每顿都来一大方桌子的好菜。这位何市长最喜欢的食材里，就有新鲜的白鱼、晒干的黄鳝，以及用麦芽糖腌制的大闸蟹。

到了清代，尽管皇家追捧鲍参翅肚，但有文化、有品位的文人士绅依然迷恋大闸蟹，其中的杰出代表就是大文学家李渔。李渔生活在杭州和南京，自称"蟹奴"，一顿能吃二三十只大闸蟹。当时的大闸蟹也不便宜，李老师为了吃蟹，每年都要提前存钱，到了秋天才能大快朵颐。他还要做很多醉蟹，一直吃到来年春天。他对大闸蟹的赞美也流传至今："蟹之鲜而肥，甘而腻，白似玉而黄似金，已造色香味三者之至极，更无一物可以上之。"这话说得很清楚：在中华美食这一块，大闸蟹封顶了。

正宗的阳澄湖大闸蟹，个头不大，雄蟹四两，雌蟹三两，再大就很罕见了。蟹的颜色，绿中带黄，而不是普通大闸蟹的墨绿色。

阳澄湖蟹的口感：壳薄，肉质细腻清甜，特别是那一缕明显的甜味，其他任何地方的大闸蟹都无法超越。但它膏黄不够饱满：打开蟹盖，身体中部，蟹心下方，本应该长满膏黄的地方，却凹下去一个坑。还有阳澄湖蟹，蒸熟以后，膏黄并不能完全凝结，半稀状，一口吸下去，鲜美无比。

那么，大闸蟹是不是一定要吃阳澄湖的？是不是越大越好？

咱们说点内行了解的情况。2023年，阳澄湖当地政府批准养蟹的水面只有一万多亩。每亩出产一百五十斤蟹，一共两百多万斤，也就是一千多吨。附近的昆山、苏州和上海是中国经济发达的地区，当地大小企业举办宴席都要买阳澄湖大闸蟹。总共就这点蟹，普通消费者买到"正宗阳澄湖大闸蟹"的概率有多大，你可以自己想想。

好在，不是只有阳澄湖的蟹值得吃。2007年，我与行业泰斗、上海海洋大学的王武教授共同发起了"全国河蟹大赛"，这个大赛至今仍在举办。据我了解，我国的大闸蟹养殖已是庞大产业，总产量有七八十万吨，阳澄湖占总量的0.5%都不到。所以，不用光盯着阳澄湖，还是谈谈什么是真正的优质大闸蟹，它有什么特殊的风味吧。

当年的"全国河蟹大赛"，王教授带领一批科学家，负责评选大闸蟹的"种质"；我带领一批美食家，负责评选大闸蟹的"风味"。我们给大闸蟹分出了四个等级，可供诸位挑蟹时参考：

入门级：饱满。这个季节，大闸蟹的膏黄都长满了，透过白色的底板，泛出微微的红光（也叫红印蟹），身体圆鼓鼓的。煮熟以后，满膏满黄。

安全级：清香。拿起活蟹，闻闻肚了和大螯的绒毛，如果气味清新，并有水草的香味，说明大闸蟹的生长环境很好。如果气味浑浊，甚至有汽油或农药味，那么就算红印，有膏有黄，这只蟹的生长环境也很差，不算安全。

好吃级：鲜甜。差的蟹，淡而无味；好的蟹，又香又鲜，吃过以后，留下甘甜的、长长的余味。两者的差别，就是笼养鸡和走地鸡的差别。笼养鸡，很肥也很嫩，但是没味道，吃了等于没吃。

最高级：有油。满膏满黄，肥得流油，吃完以后，蟹味长久留在手上，难以洗掉。一个特别有意思的现象是，很多人不吃母蟹，因为觉得蟹黄太硬，不好吃。其实真正好的母蟹全是流油的，蟹黄被蟹油渗透，酥松香甜，鲜美无比！

流油的大闸蟹蟹黄

　　说完等级，再说产地和时间。除了阳澄湖，东太湖、宝应湖、军山湖、固城湖、女山湖等地的大闸蟹也拿过"全国河蟹大赛"的奖。时间上，最好是 10 月中旬到 11 月底，前十五天雌蟹味道好些，后十五天雄蟹味道好些；"双十一"前后则是大闸蟹的巅峰时刻，雌雄都好。

　　大闸蟹是按大小分规格的，越大的数量越少，自然就贵。一对半斤的雄蟹和四两的雌蟹，这种顶级货的市场价在三百元左右。精明的上海人会在 11 月西北风刮起的时候，专挑中等规格（雄三两半 / 雌二两半）但品质最好的大闸蟹，每对只要一百元左右，与前面贵的蟹相比，分量差三两，价格却只有三分之一！

下面说说如何吃大闸蟹。大闸蟹的各种吃法，正好对应我"食材变食物"的三条推论。

优质大闸蟹，首选清蒸或者水煮，这对应的就是第一条推论："保留与还原"。

我与《随园食单》的作者袁枚看法一样，他说"蟹宜独食，不宜搭配他物"，还骂那些愚蠢的厨师，做蟹羹还加鱼翅、海参，是："徒夺其味而惹其腥恶，劣极矣！"

蒸，要怎么蒸呢？取紫苏叶放入清水，大火烧开，上笼屉蒸蟹。三两蟹十分钟，四两蟹十三分钟，每重一两加三分钟。

煮，又如何煮呢？清水浸没大闸蟹，放入紫苏叶，大火烧滚。水滚开始计时，三两蟹七分钟，四两蟹八分钟，每重一两加一分钟。

蒸的蟹，味香肉甜；煮的蟹，壳脆肉滑，各有各的妙处。但要特别注意：务必掌握好火候，一旦过熟变老，风味就大打折扣。

此外，吃蟹的蘸料也有讲究。以蟹醋为主，配以酱油、白糖和生姜末的调味酱汁，去腥提鲜，让大闸蟹的味道更加鲜美。但出手要尽量克制，不要把味道调得太过浓郁，掩盖大闸蟹原本的味道。

这里推荐一个视频：《上海美女教你吃大闸蟹》。这是傅师傅操刀拍摄的，不光教你大闸蟹哪里可以吃、哪里不可以吃，还教你如何将吃完的蟹壳再拼回一只大闸蟹。

当然，大闸蟹也能"搭配与平衡"。

要是你因为纪录片《风味人间》而知道傅师傅，那一定对"秃黄油"印象深刻。（在上海和苏州方言里，"秃"是"全部、极致"的意思，略等于北京话的"忒"，英文的"only"。）雄蟹的膏和雌蟹的黄，两种极致美味混合在一起，就是秃黄油。《风味人间》里说："略硬的雌黄，绵润的雄膏，双剑合璧，直指人心。"

还有一道几乎失传的名菜"炒三秃"：一秃雄蟹膏，二秃雌蟹黄，三秃鲃鱼肺。鲃鱼是河豚鱼的一种，"鲃肺"其实是鲃鱼的肝。鲃鱼和大闸蟹在秋天最为肥美，雄膏软糯，雌黄醇香，鲃肝甘甜，急火爆炒之后，香气扑鼻，一大口吃下去，像朵朵礼花在口腔中层层绽放。"炒三秃"被誉为江南的"顶杠菜"，意思就是没有比它更高级的菜了。

最后，大闸蟹还能被"提升与优化"。

在所有大闸蟹料理中，傅师傅最喜欢的就是醉蟹了。取两份黄酒，一份酱油，加入冰糖和香料，熬成酱汁，就是用来浸制醉蟹的传统古方。

做醉蟹只用最肥美的雌蟹，而且要生腌。古人有诗为赞："介甲尽为香玉软，脂膏犹作紫霞坚。"醉蟹的蟹肉软糯，蟹黄鲜美，如琼浆玉液一般，令人心驰神往。醉蟹吃完，酱汁还可以用来做红烧肉，因为大闸蟹特有的鲜美味道已被浸到酱汁里，用它做出的红烧肉鲜美无比，天下第一。

醉蟹汁红烧肉

我的好友沈宏非曾如此描写醉蟹:"你说它是死的,其实它是醉的;你说它是醉的,其实它是活的。"沈爷是《舌尖上的中国》的总顾问,著名的"舌尖体"就是他的手笔。陈晓卿说,当今在世的作家,但凡写美食的,没有人能超过沈爷。我以为这一评价,恰如其分。

最后,傅师傅再讲讲,怎么从一只蟹身上的不同部位吃出九种不同的味道。

1. 蟹盖。有汁水,半流质状,很鲜美。蟹嘴后面那块硬东西是它的胃,哑哑味道就吐掉,不能吃。蟹吃的水草如果还没有完全消化，还会有一些清苦味，很多人不喜欢这个味道，但我遇到会很惊喜，它很像日本人喜欢的秋刀鱼肚子里的味道。

2. 蟹油。一只蟹，最香的就是这几滴金红色的油，但要趁热吃，冷了就会变腥气，所以傅师傅吃蟹是直接打开盖子，先吃里面的油。

3. 雌蟹的黄。好蟹有油，浸润蟹黄，酥松醇香。但如果这雌蟹不好，没有油，那它的雌黄就是干干硬硬，食之无味，弃之可惜。

4. 雄蟹的膏。呈晶莹的半透明状。一只雄蟹，最美味的就是这个部位，软糯粘牙，鲜美无比。但也要趁热吃，冷了就会有腥气。

5. 身体的肉。细嫩润滑。各部位的蟹肉，鲜甜味最浓郁的，就在这蟹身上。差蟹吃到这里是没有味道的，只能蘸调料了——如果吃蟹吃到非蘸调料不可，那还不如去吃块红烧肉呢！

6. 大钳的肉。大钳是蟹身上运动量最大的地方，所以这里肉质紧实。是大闸蟹全身最香最鲜的肉，而且还不油腻。高级蟹宴就有道菜，叫"清蒸蟹钳"，尽显格调。

7. 大腿的肉。会吃的人能从蟹壳中剥出一整条完整的腿肉，细腻、鲜甜、有弹性。如果是一只上等好蟹，它身上的油多到能流到大腿里，那就更完美了。

8. 小腿的肉。这是很细小的一条肉，味道如大腿肉，但蟹油流不到那里。大钳上面还有一个方形关节，味道也如小腿肉。上海人家，大闸蟹最好的部位都给了家人，男主人攒了一堆小腿和关节，小老酒咪咪，场面很温馨，可以拍戏或入画。

9. 爪尖肉。这个部位就刁钻了。我的好友金宇澄先生在小说里写，大闸蟹身上什么地方最滋补？"就是蟹脚的脚尖尖。人人不吃的细脚尖，一只蟹，只有八根细脚尖，这根尖刺里面，有黑纱线样的一丝肉，是蟹的灵魂，是人参，名字就叫：蟹人参。"因为："正宗大闸蟹，可以爬玻璃板，全靠这八根细丝里的力气。"

15　东方松茸和西方松露

二十多年前，我在 4A 广告公司工作，看过英国人彼得·梅尔写的《普罗旺斯的一年》。他在纽约 4A 总部工作了十五年，退休后住到法国乡下，过起了闲云野鹤般的生活。

在这本书里，我第一次得知法国有一种"美味中的美味"，叫作黑松露，每公斤要三千到五千法郎，价格极其昂贵。彼得是我的偶像，他说好吃的东西，我一定要尝尝味道。

大约在 2001 年，在上海的一家高级餐厅，我第一次吃到了黑松露。几个黑色的小疙瘩，切成薄片，放在鹅肝上。它的花纹很好看，但吃起来像塑料片，没啥味道。彼得书中描述的那种迷死人的香气，我几乎没有闻到。因为是大老板请客，我也不敢多说啥，只感觉非常郁闷。

当时的上海餐厅，最高级的原材料还是鱼翅、鲍鱼这类干货。因为当时的供应链很落后，优质的新鲜食材无法供应；或者说，当时食客的水平很低，很多好东西根本没听说过，没有需求，当然也就没有供应。

那时我老往西藏跑，几乎走遍了进藏的每一条公路。在那里，我认识了松茸，还吃了很多。毕竟每年八九月份，川藏线甘孜和林芝地区的藏族老乡，都会在路边兜售松茸。

松茸的口感像是一枚大号的蘑菇。当地的吃法是：用猪肉罐头炖，并放入土豆和白菜。但我觉得这样不对。松茸的神奇之处在于香气，那是清新露水、长满苔藓的腐殖土和茂密松树林混合在一起的气息。所以我的吃法是尽量保持这股原始森林的气息：炖一大锅滚腾的鸡汤，一大把手撕的松茸倒下去，盖上锅盖就上桌，稍等片刻就开吃。

同行的藏族朋友觉得这些菌子还没有煮熟，不能吃；但我觉得松茸要是炖烂，就白瞎了。总之，他们吃鸡块，我吃松茸；他们说高楼人厦好，我说森林草原好，大家都很开心。

藏区人们原本不吃松茸，日本人来大量收购，老乡们才知道，这东西不仅能吃，还能赚大钱。日本人觉得松茸是秋天里最好的美味，不但自己吃，还要当作礼物，彼此馈赠。所以，松茸在日本的地位

松茸

115

几乎等同于中国的大闸蟹，每年需求量极大。他们自己出产的松茸不够卖，所以就找到中国来了。

新鲜的松茸，形如男性的生殖器官，符合日本生殖崇拜的文化。此外，还有一个传说，说广岛原子弹爆炸后，一片焦土之中最早生长出来的植物就是松茸。松茸的生长非常缓慢，从一粒孢子到一枚松茸，需要五六年的时间，而一旦长成又必须在三五天内把它采摘下来，并尽快吃掉。所以在日本，松茸非常名贵。《蜡笔小新》里有一集，就是讲邻居送来一棵松茸，小新全家都很兴奋。这让我们这些曾经大锅吃松茸的"土豪"，意识到了当年的奢侈。

当年川藏线上老乡们兜售的松茸之所以如此便宜，是因为当时交通不便，道路经常塌方或被洪水冲垮，采下来的松茸不能被及时运送出去，当地人又不稀罕这玩意儿，就只能贱卖。二十多年过去了，如今的交通条件比当年好太多了，松茸甚至不再出口日本，富裕起来的中国人也开始享受它的美味了。

"高端食材往往只需要最朴素的烹饪方式。"这句话来自《舌尖上的中国》，所配的画面，正是松茸。陈晓卿导演借松茸，讲出了烹饪的真谛。

松茸的最佳吃法就是尽量保持它的原味。日本人有几种做松茸的方式值得推荐：

1. 切片，直接蘸酱油吃。傅师傅认为这是最好的吃法。

2. 加点黄油，用平底锅煎。溶化的黄油封闭松茸表面，可以减少香气的挥发。

3. 大米饭煮好以后，往锅里放几片松茸，再焖一下。蘸酱油下饭，简单又高级。

4. 日本人最喜欢的土瓶蒸。做法比较复杂，请各位上网找菜谱和购买相关器具。

土瓶蒸

松茸和松露同属菌菇类，都是低等植物；它们与高等植物的区别，就在于没有根、茎、叶的分化，也就没有叶绿素，无法进行光合作用。所以菌菇只能从其他物质中汲取养分来维持生命，这包括植物、植物的残骸和动物的粪便。

我们平常吃的菌菇，只是它们长出地表的一小部分，它们还有一大部分生长在地下，构成细如棉丝的纤维网络，学名叫菌丝。菌

117

丝在土壤中纵横交织，一立方土壤中生长的菌丝总长度可达两千米。菌丝主要负责大量吸收养分。黑松露吸收养分尤其厉害，甚至能抑制周边植物的生长，让周围一片呈现烧灼般的场景。

菌菇这种强大的吸食特性，使其蛋白质、维生素和各种营养物质远超其他食材。它还含有大量的氨基酸和肌苷酸，前者是味精的味道，后者是鸡肉的味道。可以说，菌菇就是土里生长出来的天然鸡精。

全世界有上千种可供食用的菌菇，其中最名贵的松茸和松露，主要是胜在其独特的香气。如果买它们的时候没有香气，或者烹饪过程中把它们的香气搞没了，那你白花花的银子，很大一部分就真白花了。

如果说松茸的气息是东方人喜欢的味道，那么松露的气息就是西方人喜欢的味道。松露的气息直指人类最原始的欲望。19世纪巴黎的著名交际花欧里妮说："我爱男人，但我更爱松露。"法国美食教父布里亚·萨瓦兰在其于1852年出版的名著《好吃的哲学》中更是直接指出："据我了解，松露的物质成分根本不足以赢得它今天的荣誉。其中的奇妙之处在于大众的观念，它是爱情类食物。"

原来，无论在东方还是西方，人们都认为吃什么可以补什么。所以，我们都应该多吃一些猪脑子。

松露的气味，非常接近公猪精液的气味。它们有一种共同的化学物质，叫作雄甾烯酮，在人类的汗液、尿液以及芹菜细胞质中也有极少量发现。所以说"松露的味道就是荷尔蒙的味道"，是有一些科学依据的。

　　以前外国人是用母猪找松露的，但是母猪经常会把找到的松露吃掉，所以现在更多用狗。松露犬是一个专门的品种，谱系要精心维护，并且价格昂贵。

　　松露有黑白之分。黑松露的主要产地在法国南部，最佳产区在普罗旺斯，最佳食用时间是每年一二月。白松露的主要产地在意大利北部，最佳产区在阿尔巴，最佳食用时间是每年的 10 月至 11 月。

　　法国黑松露的年产量，大约是意大利白松露的十倍。每公斤法国黑松露的售价大约在一千五百欧元，意大利白松露则约在五千欧元。2010 年 11 月，澳博第四年举办的意大利白松露菌国际慈善拍卖

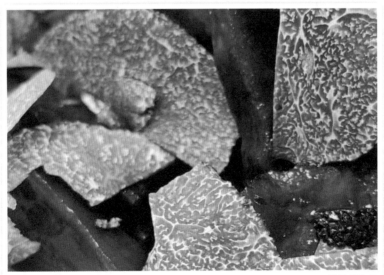

黑松露牛舌

晚宴上，"赌王"何鸿燊以破纪录 33 万美金，标下两颗共重 1.3 公斤的意大利托斯拉纳白松露菌和莫利塞白松露菌。

我国云南、四川、西藏交界处的原始森林里也有黑松露，但当地人不吃，因为母猪爱吃，所以叫它"猪拱菌"。最近几年，松露在国内流行起来，那里的松露便被挖了出来，运到北京、上海等地的高级超市和餐厅，能卖到很贵的价钱。

因为每一颗松露的生长环境各异，从采摘到食用的时间也各不相同，所以每一颗松露的风味都有微妙的差别，世界上每一颗松露都是独一无二的。

黑白两种松露同样滋味丰富、回味悠长，但也有明显的差异：黑松露的气味浓郁、霸道，白松露的气味细腻、优雅。

黑松露的气味有强烈的渗透性，透过包装的塑胶袋都能闻到它的味道，所以它适合搭配块茎类的蔬菜做成各种肉食或面食。把它切成碎粒，与各类食物一起炖煮，或者将其熬成酱汁，浇在其他食物上，都奇香无比。它还有一个奇妙的特性，尽管自己很香，却不会掩盖其他食材的风味，能起到极好的烘托作用。

白松露则金贵得多。它经不起折腾，必须生吃。生吃的方法，就是当场用专业工具，直接刨在各种菜肴或主食上。"高端食材往往只需要最朴素的烹饪方式"，便是如此了。白松露很贵，但它的最佳搭配都是些最平民的食物：鸡蛋、米饭、土豆泥、意大利面等。每当看到她那布满美丽花纹的高雅薄片散落于餐盘，食物的热力激发出她的香味，弥漫到空气中，顿时给人一种时间停止、周围一切皆

恍惚的感觉。

关于松露，还有一个秘密：松露香气里的某些部分，已经能被人工合成，做成松露油。所以，松露蛋糕、松露巧克力，还有某些餐厅的松露菜肴，里面很可能并没有真松露。这里傅师傅就把话挑明了：任何没有当场看见新鲜松露的松露制品，都值得怀疑。

"好酒好蔡"餐厅创始人蔡昊是在美国读的大学，学的是化学。我问他，松露油里面的香气，据说是人造香精？他回答：那是意大利的一滴香，我绝对不碰它！蔡兄是阿尔巴白松露的大买家。他说，松露必须吃最新鲜的，现刨现吃，刨得越薄越好、越快越好、越多越好。最简单的炒鸡蛋，就是最好的烘托物。

松茸和松露都很贵，昂贵之处在于它们的外形和气息，以及人们赋予它们的有关繁殖和欲望的联想。撇开这些不说，其实那些相对便宜的普通菌菇，也都是非常优质的食材。它们既有肉食的口感，又有素食的纯净，而且营养丰富。

所有优质食材中，傅师傅最喜欢的就是菌菇，天天吃都吃不厌，而且越吃越健康。各位亲爱的同学，多吃菌菇吧[1]，这是大自然给我们人类的伟大馈赠。

1　不宜食用菌菇者请遵医嘱。

16　最考验厨师功力的是全素宴席

"巧妇难为无米之炊"，没有原材料就没有烹饪。厨师的功力，本质上就是他对食材的理解能力和处理能力。

天上飞的，地上跑的，水里游的，这些动物性食材富含脂肪和蛋白质，能够给人类提供更多的能量。所以，我们的身体和大脑更喜欢荤食。从这个意义上讲，如果不用动物性食材，只用植物性食材，做一桌全素的宴席，对厨师来说是一个巨大挑战。

任何创作过程，限制条件越多，难度就越高。"戴镣铐的舞蹈"已经很难，跳得好不好，全凭观众来评判，那就更难了。不管厨师做什么，最终都是食客在吃，所以食客的偏好及其评判标准，是厨师的潮流风向标。

烹饪的过程，就是加工处理食材，把它变成食物的过程。在不同的地区和民族之间，食材、技术和食物呈现巨大的差异。吃什么？不吃什么？什么好吃？什么难吃？这些是人类的最基本问题。对这些问题的差异性回答，反映出人类文化的复杂性和多样性。

我们鉴赏美食，不是为了吃饱，而是为了感受生命的美好。"为了活着而吃饭"和"为了吃饭而活着"，是两种截然不同的生活态度。只有在后面这一层次上，我们才能把好吃、难吃的判断，上升为一种审美体验。本书序言，我引用了黑格尔对美学的定义："美是理念的感性显现。"美食鉴赏也是这样一种审美活动。读到这里，您应该对我的这一美食观，有了较为清晰的了解。在这一讲中，让我们进一步理论联系实际，结合素食谈谈，如何评判一个厨师水平的高低。

全球范围内，各类餐饮的地位是：中餐不如日餐，日餐不如法餐，法餐不如素餐。素餐之中，一场完整的全素宴席，最难料理。我常将它作为考察厨师功力的标准考题，从中可以窥见优秀厨师的三个等级：传承、创新和求真。

传承

厨艺如果被标准化，就是快餐、泡面和各种零食。科幻片里的人类喝一杯糊糊就能过一天，看起来很省事，但我觉得这样活着没啥意思。一名好厨师存在的意义，就是传承文明，让我们吃的每一顿饭都充满幸福感。

中餐的技艺是一种非标准的手艺活，自古以来都通过师徒相传流传：师父教什么，徒弟学什么，核心就是传统与经典。无论哪个流派或者哪家餐厅，总有自己的招牌菜，必须把这些教好、学好，招牌才能代代相传。这些招牌菜经过了历史沉淀，极少需要改变。如何将其做好、做精才是关键——这就是厨师的基本功。基本功不扎实的厨师不可能成为好厨师。

有一家最老牌的素菜馆叫功德林，它创建于 1922 年，总部在上海，北京有分号。北京人说，功德林的素菜，能做出肉味儿。我且报个菜名给你听：素鸡、素鸭、响油鳝糊、松鼠鳜鱼、金刚火方、黄油蟹粉。

功德林的底子是淮扬菜，开创了以素仿荤的流派。用素仿荤其实很难，但现在功德林经常被诟病不好吃。为了准备这一讲，傅师傅特地去了一趟功德林，叫了一大桌子菜，结果发现，确实不太好吃。

不好吃的原因，是厨师团队的基本功不扎实。

像功德林这种传统名店，傅师傅会说：老祖宗们留下来的菜谱，不要改动，严格按规矩做就好。同时：第一选材要严格把关，用最好的、最新鲜的食材；第二彻底搞卫生，任何时候厨房必须保持干净，这样菜的味道才不会浑浊；第三热菜一定要热，后厨和前厅保持高效，确保上桌的热菜都是滚烫的。

基本功扎实，拷贝不走样，这是当厨师的本分。说起来很简单，做起来却不容易，尤其是在今天这个人人都希望一夜暴富的年代。

创新

功德林"以素仿荤"的做法，是赵云韶和她的团队开创的。可见，流传至今的经典，其实都是来自过往的创新。

傅师傅认为，今天中国第一的素菜馆，是上海的福和慧，当家人是卢怿明，他曾连续多年位列亚洲厨师五十强。我与卢师傅很熟悉，他原是上海菜的名厨，擅长浓油赤酱，却挑战自我，开了这么一家清淡优雅的创意素菜馆。

卢师傅说："肉和海鲜等食材的味道每一种都不一样，素食的味道和口感却很相似。如何把素食做得有区别，是难度所在。"他注重食材，每种优质食材，尽量在其最出名的产地找。素食口味清淡，调味料尤为重要，他每道菜用的油甚至盐都是不一样的。

卢师傅的素菜馆，春夏秋冬有不同的菜单。今年春季菜单的主食是土锅焖米饭，饭里有笋干和蓬蒿，夹杂很多锅巴，浇一点点松露酱油，香气扑鼻，口感丰富。我很喜欢这道主食，卢师傅当真是一位食物艺术家。

以福和慧为代表的很多素菜馆，不断创新，如今已经摆脱了以素仿荤的传统。并且这些素菜馆往往装饰高雅，器具精美，服务体贴。

毕竟，素菜的原材料便宜，不搞成这样，餐厅赚不到钱啊。创新的动力，还是来自市场需求以及激烈的竞争。

当代还有一些厨师大神们，他们的创新菜式有着广泛的行业影响力，这里很有必要膜拜一下：兰桂均先生的"泡椒凤爪"，林自然先生的"脆皮婆参"，董振祥先生的"酥不腻小雏鸭"，杨贯一先生的"溏心鲍鱼"。

求真

全球流行的美食节目《主厨的餐桌》介绍过一位韩国的厨神，

她就是白羊寺天真庵的静观师太。节目播出后,《纽约时报》发表评论:"世界上最高贵的料理,不在纽约或是哥本哈根,而在遥远东方的一座偏僻的寺院中,一位五十九岁的尼姑,站在了世界素食料理之巅。"

师太十七岁出家。没出名之前,她就是一名烧火僧,负责做饭给同修的僧尼们吃。师太认为:"最完美的料理,来自对身体最健康、味道最自然的食材。"她的食材,全部亲手种植,不施化肥,不打农药,小虫和小动物要吃她的菜,她也不驱赶。她的菜园子没有围栏,没有边界,与自然融为一体。

佛教认为"不杀生"是第一功德,提倡全素饮食。佛教信徒不吃动物以及与动物有关的食物,包括蛋、奶、蜜;甚至不吃有荤腥味的蔬菜,如大葱、小葱、洋葱、韭菜和大蒜等。这种被称为斋食的料理,运用清淡的蔬菜水果,做出变化丰富的食物,所谓"真水无香,大味若淡",难度极高。

我研究过师太的菜谱,发现她擅长用各种自制调味品来弥补斋菜原本的滋味不足;她还擅长用各种奇妙的搭配,碰撞出美味的火花。她最喜欢用酱油。她自酿的酱油,存放了几十年。用这种酱油做出的菜肴,自然独一无二,旁人无法复刻。

师太认为包含大自然神秘信息的食物,有助于僧尼们进行禅修。她是为了信仰而从事厨师工作,她说:"我不是厨师,而是一名尼姑。"

我至今还没吃过静观师太做的饭菜,但我去过江西的一座尼姑庵，叫作曹山宝积寺。"一日不作，一日不食"，宝积寺的尼姑们坚守"农禅"制度，一边种地当农民，一边参禅当尼姑。她们的斋饭和静观师太的一样，都是自己种、自己做，口感纯净，滋味丰富，好吃得不得了。

在今天这样的商业社会中，要求厨师完全"求真"是不现实的，就算能成功也是极其少数，但至少可以做到"不作恶"，不要用"地沟油""苏丹红"这样的有害材料。不能为了赚钱没了良心，什么缺德事儿都敢干。

如果不说厨师，我们自己做饭给家人吃，倒是可以完完全全、彻彻底底地"求真"。真心、真爱、真材实料，正所谓"妈妈做的饭最好吃"，便是如此。

最后说说静观师太的烧香菇。

师太出家，父亲没有反对，却很担心女儿在寺庙里吃不好。老人家七十九岁那年，到寺院看望女儿，说出了自己的担心。师太听后，做了一道烧香菇，请父亲坐在小溪边吃。父亲吃完说："这比肉好吃多了，你活得好，我也就放心了。"父亲与静观道别，独自下山回家。一周之后，安然离世。

这道烧香菇的具体做法如下：

1. 准备十个中等大小的新鲜香菇，以及麻油、酱油、麦芽糖、干辣椒。

2. 用小刀在香菇上面开出浅浅的"米"字。

3.平底锅烧热，倒入麻油，小火慢煎香菇至两面略带焦黄。快结束的时候，放入干辣椒，一起煎出香气。

4.酱油和麦芽糖加水调出一小碗糖浆。调的时候，尝尝味道，自己觉得好，就是正好。

5.糖浆倒入平底锅，大火烧开，转小火慢煮。全程不要盖锅盖，轻轻翻炒，至汤汁全部收干，即可起锅。

6.配白米饭和绿茶。师太给父亲奉上的是莲花茶，你如果有，当然更好。

师太香菇

17 油盐酱醋的奥妙

刷抖音和快手的时候，我发现上面的好多美食达人，不管做啥菜，用的都是相同的调味料，他们每道菜都会用到"毛油"。开始我搞不明白这是啥宝贝，仔细看瓶子才发现，原来是蚝油。哈哈！

"毛油"

本书写到这里，我的美食观以及对各种食材的看法基本都讲到了，但还缺了一大块，那就是调味品。

世界各地的美食之所以风味迥异，很大程度上源自调味品。如果说，烹饪的原材料更多属于自然范畴，那么烹饪的调味料则更多属于文化范畴。我们每个人都偏爱的故乡风味，大多来自当地特有的调味品，背后折射的就是各地、各民族不同的文化习俗乃至宗教信仰。

调味品是一个巨大的门类。这一讲，傅师傅就讲讲油、盐、酱、醋这四样中国家庭必备的调味品。你可能对它再熟悉不过了，但其中其实大有讲究。

油

食用油具有加工和保存食物等多种用途，作为调味品，还可以增加食物的风味。不用厨师上灶台，看他选什么料、用什么油，就可知道他的段位。

荤油来自动物，素油来自植物。傅师傅做菜用油的秘诀就是："素菜用荤油，荤菜用素油。"

中餐擅长用猪油做各种蔬菜、豆腐、米面，甚至甜品。就连面条和馄饨的汤头，都要仰仗猪油提香。新鲜的猪板油与黑芝麻粉、绵白糖做成的糯米汤圆，我觉得是中国人对猪油深刻理解之后的代表作。

猪油一般用猪膘熬，但我吃过的极品猪油是用火腿熬的，那可真是鲜香入魂，一勺便可封顶。除非纯素食或有宗教信仰，傅师傅强烈建议家中冰箱应该常备一罐好猪油。

鹅油是我最喜欢的荤油。因为鹅吃青草，油质纯净，不含杂味。用鹅油烹饪质地细腻的高级蔬菜，如山药、芦笋、松茸等，那风味可谓一流。

很多植物的果实或种子都可以提炼出油脂，这就是我们常说的素油。各种食用植物油的生产商都会说自己的产品有营养价值，往往越罕见的品类，越标榜营养价值高。其实哪有那么玄乎？说到底，不过是植物性油脂而已。

花生很容易变质，甚至还会产生致癌的黄曲霉菌。几颗坏花生若混入一批好花生里，那就很难被彻底挑出来了，所以我一直慎用花生油。

我最喜欢用的素油是菜籽油。它品质稳定，拥有清新的香气和滋润的口感，适合用来烹调各种河鲜和海鲜。

"芝麻油＋酱油"的组合，醇香又鲜美。清蒸或白煮的蔬菜、豆腐、猪肉，用它做蘸料，都很好吃。这是中餐的基础蘸料，地位等同于西餐的"橄榄油＋葡萄醋"。

西餐也有荤油。从牛奶提取出来的黄油和奶酪，是西餐最基本的调味料。没有它们，面包和蛋糕几乎没法吃。煎普通品质的牛排，一定记得要用迷迭香熬过的黄油，浇在上面，风味能提升好几档。

地中海周边的意大利、西班牙、法国、希腊盛产橄榄油，顶尖货是特级初榨，十斤橄榄才能出一斤。它的香气丰富又微妙，略带清苦，回口甘甜，余韵持久。外国人用它拌沙拉，很好吃。我推荐吃麻辣火锅时用它做油碟，味道好翻天。

盐

盐是百味之首，但宁少勿多。一旦过量，各种味道都会被它封死，再好的食材也是白搭。自己在家里做菜，放盐不要用勺，更不要直接拿罐子倒，最好是用手指捻，才能保证不出错。

活鱼和活鸡，宰杀清洗之后在淡盐水中浸一下再冷藏，这样入味、抗菌、保鲜。四川人用淡盐水泡新鲜蔬菜，这样做出来的泡菜，鲜美爽口，每天吃都吃不厌。

日本东京有专门的盐店，内有几百种选择。大体上，海盐自带鲜味，适合蔬菜和豆制品；湖盐纯净柔和，适合海鲜和家禽；岩盐有很强的渗透性，适合牛羊肉。不过绝大多数的餐厅或家庭，都是随便买一包盐，以不变应万变。只有经常料理优质食材的高手，才懂得运用不同的盐，把好味道激发出来。

酱

我所说的酱，特指中餐的酱油和西餐的酱汁，不包括豆瓣酱、辣酱那些。

无论东西南北，酱油是中国各地人民最广泛接受的味道，这催生出很多规模巨大的酱油公司，但它们的产品远不够好。

酱油的主要作用是提鲜和上色，但现在添加了太多合成的化学物质。挑酱油要看配料表，越简单越好。推荐两款好酱油：湖州某品牌的太油、香港某品牌的御品酱油，它们的配料表里只有水、大豆、小麦、盐和糖。尝试过好的，就会知道什么是差的。

西餐的原材料比中餐简单，但他们的酱汁却是烹调的灵魂，几乎每道菜都配有专用的酱汁。高级餐厅的酱汁是用高汤打底的，吊高汤的原料和原理，与中餐基本相同。西餐酱汁的精髓在法国。法式酱汁几乎是西餐酱汁的标杆，这是法兰西民族的美食核心竞争力之一。

岔开说一句，因为西餐的酱汁大量使用奶油、鸡蛋、淀粉和蔬菜泥，这些都是细菌生长的优质培养基，所以西餐的厨房必须注意卫生，保持洁净，才能防止酱汁变质。

在干净问题上，傅师傅非常赞同西餐。高级美食的风味，细腻、平衡、优雅，只有在非常干净的条件下，才能完美呈现。我觉得，厨师和厨房，没有最干净，只有更干净。

醋

醋是酒精被细菌代谢后形成的乙酸，能做酒的稻米、小麦、苹果和葡萄，都能做醋。俗话说："酒做坏了，就是醋。"这话没毛病。

醋有两种风味：吃起来酸，闻起来香。所以它的主要用途是提鲜开胃和去腥增香。

醋是调和官，煲汤或烧卤味，最后加入一点醋，各种味道立刻会变得清晰而明亮。但用量一定要很少，少到尝不出醋味，就是刚刚好。

醋酸能中和碱性。我国西北水质偏硬，而且以面为主食，所以当地人用醋佐餐，平衡身体需要，其中以山西醋为最佳，这真是"一方水土养一方人"。

江苏镇江的醋也很好。我经常买恒顺醋厂的五年陈醋，加入冰糖，拿用来泡生姜和大蒜。晚上睡前吃几粒糖醋大蒜，早晨起来吃几片糖醋姜片，感觉身体非常舒服。

浙江醋用大米做。自然菌在液态发酵后段产生红曲霉，色泽微红，故称玫瑰米醋。玫瑰米醋，味道细腻，适合搭配河鲜与海鲜。玫瑰米醋的红是自然形成的，不同于现在很多加色素的产品，买的时候看一下配料表，不要受骗上当。

玫瑰米醋

所有醋里面，傅师傅最喜欢意大利黑醋。它是用葡萄做的，正宗产地在巴萨米克。意大利人把煮沸浓缩后的葡萄原浆存放在木桶里——木桶是用橡木、栗木和刺柏木做的，不同的木桶会赋予它不同的香气。每年换桶,平均达十二年才算完成。大约二百五十毫升的意大利黑醋,需要消耗三十六公斤葡萄。最后的成品,几乎全黑,又香又浓犹如糖浆,风味复杂无比。用它和特级初榨橄榄油一起蘸面包或拌沙拉,美味无比。最佳的中国吃法是与我的秃黄油一起拌热米饭,这简直是中西合璧的巅峰。

油盐酱醋,只要把这四样用好,就可以把绝大部分的菜做得很好吃了。

现代食品工业的问题是大量使用人工合成的调味品,内含很多添加剂和防腐剂。拿起一包方便面,包装上面的配料表就像是一家化工厂的产品列表。我们人类有几百万年的漫长进化史,使用这些人工合成产品的历史却只有几十年,用脚趾头想想都能知道,我们的身体是不可能马上适应这种变化的。

在吃什么这一问题上,我是一个彻底的保守主义者,注重实践与经验,捍卫传统和自然。傅师傅主张尽量吃天然的原材料,尽量使用天然的调味品,尽量节制而不要浪费,绝对不吃国家保护的动植物。

有钱可以吃昂贵的,没钱可以吃便宜的,但一定要多吃天然的。让我们每天、每顿都吃真正的食物,在这无常的人生中,感受大自然的永恒,体验生命的真谛。

18 配什么酒？喝什么茶？

快餐店，吃的喝的，都在一张菜单上；普通馆子，菜单与酒水单分开，各有一本；高级餐厅，菜单之外有单独的酒单、茶单和饮料单。显然，吃的越高级，喝的就越高级。

葡萄酒的千变万化远超其他酒类，所以西餐比中餐更讲究配酒。一般人吃饭，通常先点菜后点酒；但如果先点酒后点菜，根据酒来配菜，那是高手。

高级西餐厅通常会有专业侍酒师。这个职位可不光是负责给客人倒酒的，更重要的是根据不同客人的情况，提供关于餐酒搭配的专业建议。傅师傅有一个小窍门：点菜的时候把小费夹在酒单里，请他们推荐酒，保证有惊喜。记得，这小费在点菜的时候就给，而不是最后结账的时候给。

在国外，葡萄酒又好又便宜。当地商店里，人民币三五十元的酒就已经不难喝了；进到餐馆，一百美元或欧元的酒，更是不错了。刚才不是说先给小费吗？一张十元的，就足够了！

某些所谓的圈内人，把如何搭配吃喝，讲得玄而又玄，把大众搞得更云里雾里了。傅师傅放大招，教你三条原则，让你一次性把吃饭时，尤其是吃中餐时如何搭配酒水饮料的问题基本搞明白。

第一条：高级菜，相向而生

　　高级的菜肴，选用上等的原材料，采用高明的烹饪手段，味道、口感和香气综合得更丰富、更细腻、更平衡，搭配的酒水饮料，应该把它原有的风味烘托出来，而不是盖过菜肴本身。

　　中国黄酒。与大闸蟹绝配，其次是白切鸡。如果是好黄酒，记得不要放姜丝话梅，画蛇添足。

　　中国白酒。茅台是老大，傅师傅很喜欢，但它太猛太香，很难搭配菜肴。若一定要配，唯有酱爆猪肝。那浓郁的酱香、镬气和脂味，与茅台交相辉映。很贵的铁盖茅台，不需要配菜，几粒油炸花生米，恰到好处。香气清新悠长、口感绵软的五粮液和汾酒，更适宜搭

茅台酒的绝配

138

水栖桶威士忌酒

配各式中国菜，可惜现在真懂的人很少，总有人拿茅台干杯，显得很豪迈，自我感觉很好。其实，有的人连茅台的真假都喝不出来。

日本清酒。不懂的人会觉得寡淡。但它的真正妙处，不仅在酒味，还在水质。清酒与各种刺身是绝配。日本人有一种极致的玩法：下雪天的亭子里，煮一锅昆布豆腐汤，喝一杯热清酒。孤寂悠远的意境，蕴含着日本人的人生哲学。

红白葡萄酒。红酒配红肉，白酒配白肉，大体正确，但主要针对西餐。西餐有一味很重要的原料是奶酪，跟葡萄酒是绝配；但中餐基本用不到奶酪，所以这条不太适用。

很多名头很响的欧洲红酒单宁味重，中国人觉得味道苦涩，不好搭配中餐；反而是澳大利亚、新西兰、智利这些"新世界"的红酒，口感香滑，和中餐的红烧肉或红烧鱼是绝配。我个人更偏好白葡萄酒，冰镇之后，搭配清蒸鱼或白灼虾，很少有失误的。

白兰地是经过蒸馏的葡萄酒，是法国干邑地区的特产，故称作"干邑"。我喜欢用它搭配猛火爆炒的广东菜。食材在高温下会产生美拉德反应[1]，那股略带焦煳的镬气，与白兰地的焦糖味相得益彰。

威士忌如何配菜？蔡澜先生在日本教我一种喝法，当地叫"highball"：拿一个高玻璃杯，倒入五到八分之一威士忌，加冰块、新鲜青柠汁，最后倒入苏打水。注意不要搅拌，务必保留气泡。它入口清爽、香气幽深，几乎可以搭配所有菜肴。这款软饮含糖量低，

---

[1] 食物中的蛋白质和碳水化合物在受热状态下的一种化学反应，会产生风味物质。

酒精度低，男女通吃。以后你再去高级餐厅，不妨自带一瓶威士忌，其他材料请店家帮忙准备。如果多金，那就带一瓶很贵的威士忌，瞬间"高大上"，用餐体验"直飞九霄云外"。

highball

配酒讲完了。如果你不爱喝酒，爱喝茶，那你对中国茶肯定有所了解。这里介绍几种我喜欢的茶与菜的组合，请自行脑补，再次体会一下"相向而生"的原理：

铁观音醇厚，配红烧肉；

凤凰单丛清香，配清蒸鱼；

碧螺春浓香，配小笼包；

太平猴魁丰富，配白切鸡；

老白茶甘甜，配麻婆豆腐；

冰普洱爽利，配啫啫煲；

冰或热的红茶，配一切含有奶味的甜品。

你如果不喝酒也不喝茶，那就表情淡定，摆出一副见多识广的老饕模样，点一瓶有气或无气的高级矿泉水，意思就是我要把嘴巴洗洗干净，准备认真品品这家的厨师水平如何。

第二条：最贵的茶，餐前喝；最贵的酒，餐后喝。

几万元一斤的名茶，几十万元一瓶的名酒，都是不可以拿来配菜的。它们是大牌名角儿，独自就能撑起一台戏，需要静静地欣赏。

好茶，请在餐前喝。喝什么茶？如果我是客人，每到一个地方，就喜欢喝当地的好茶，以便领略当地风情；如果主人自己收藏了名贵好茶，那就再好不过了。

中国人好客又豪迈，如果餐前就开喝好酒，大家干杯起来，这局就乱了，后面吃了啥菜，很有可能都不记得。一瓶高级的好酒，往往比这一桌子菜贵出很多倍，所以必须留在最后。尤其是那些开瓶以后会不断变化的高级红葡萄酒，乱搭一桌子菜，实在是糟蹋它了。上等白兰地和威士忌，都是很好的餐后酒。餐后净饮的酒，一定要更香、更丰富，盖过席面上各种菜肴的味道。满口余香，乘兴而归，要的就是这个效果。

不喝酒的，餐后再喝几杯好茶，也是这个效果。

第三条：大众菜，逆向而克。

大家就算去普通餐厅吃饭，也常常会喝酒和饮料。点对了，能提升用餐体验。这里头，也有窍门。

通常中餐厅里的大众菜肴，口味偏重，往往还很油腻，需要用酒水饮料来化解。

在新疆和内蒙古，牛羊肉是当地少数民族同胞的主食。他们喜欢大块吃肉，所以必须搭配砖茶。如果没有这浓烈的茶水解腻、消食和补充维生素，人几乎活不下去。所以自古以来，茶叶换马匹都是大买卖。

啤酒是全世界销量第一的酒类。撸串、"麻小"，还有四川火锅，与冰镇啤酒是绝配。这里酒的作用是降低食物在口腔中的温度，洗去辣椒、花椒的火爆感，且战且退，愈战愈勇。当年王老吉想出"怕上火"的概念，就是非常高明的营销战略，这让它在遍布全国各地的火锅店里一炮而红。

老北京的涮羊肉，辛辣的二锅头是绝配。不喝酒的，沏一壶茉莉花茶，同样解腻又芳香。带一包牛街正兴德的高末，让店家滚水沏上，更是行家。如此，店里切给你的羊肉，都会比旁人好一些。

哦，还有冰可乐，它有一个妙用。大众饭馆，出手很重，添加很多味精和化学香膏，吃完嘴里往往很难受。冰可乐无坚不摧，攻城略地，能化解一切人工合成的调味料和防腐剂。让你的口腔如婴儿一般纯净。

吃什么喝什么的三条原则，全部讲完了。最后，傅师傅还要跟你讲讲如何避免被坑。

首先，国内餐厅的葡萄酒是一个大坑。进口葡萄酒的货源非常混乱，店家主动推给你的基本是暴利款。除非你很懂酒，或者店家很靠谱，一般尽量避免在中餐厅点葡萄酒。

其次，餐厅里卖的自制饮料，很多会采用大量人造配料，卫生状况也堪忧。我的做法是，没有亲眼看到用新鲜水果或蔬菜榨出来的饮料，一概不点，一概不喝。

最后，很多餐厅或会所，除了酒水单，还有茶单，刻在木片或竹片上，显得很高级、很有文化的样子，按人头收费，每位从几十元到几百元不等；前面吐槽的进口葡萄酒，还有一个酒瓶子，贴着标签以示正规。茶单上的茶叶，倒在壶里，泡上开水，就端给您，其中的猫腻可想而知。所以，如果喜欢喝茶，自己带茶叶去饭店，无论收多少开水费，都比点茶单上的茶更合适。

最后，我想说：放下品牌，放下价钱，不要人云亦云，也不要被商家忽悠。自己用心体会，最适合自己的，最适合眼前菜肴的，就是最好的酒水饮料。

19 如何安排一桌完美的宴席？

老上海的高级餐厅，有一个职位叫"提调"："提高"的"提"，"调整"的"调"。他的工作就是为客人开菜单，或者对客人已经开好的菜单做适当的调整。

"提调"这个职位，清朝就有。北京厉家菜的祖先厉子嘉，是慈禧时代的内务府大臣，他专门负责的一项工作就是宫廷大宴的总掌提调。

现在的餐厅没有这个专门的职位，这份工作基本由餐厅经理或者厨师长负责，傅师傅认为这是非常可惜的。

这个职位连接食客和菜品，其实是首席体验官。食客来饭店，不是吃一道菜，而是吃很多道菜的组合。即便这个餐厅每道菜都好吃（几乎是不可能的），点菜的组合不对，甚至上菜的顺序不对，都很可能变得不好吃。

很多餐厅，厨房为了图方便，同一道菜一起炒，分装几盘，一起上桌，而不管客人来的时间早晚，所以经常会出现冷菜还没有吃完，就上了一道绿叶菜，而这是应该最后上的。更恶劣的是，不管客人用餐的进度，把客人点的菜全部堆到桌面上来。上海人有句话，叫"一天世界"，意思就是一塌糊涂。这不但是餐厅有问题，很多客人也不擅长点菜，更不懂什么先后顺序。还有很多商务宴请，点一桌子菜，只是为了摆场面，主要目的是喝酒，大酒一旦喝起来，菜是什么味道都无所谓，这真是彻底"一天世界"。

所以这里，傅师傅就来当一次总掌提调，教大家如何安排一桌完美的宴席。

如何点菜：客人须知

请你先想象一个场景：这是一家你从来没吃过的陌生饭店，你要点一桌子菜，让厨师长看到菜单以后，能要求厨房认真对待，不得马虎。你要怎么做？

傅师傅有四条要诀：

1. 研究招牌菜。在网上看看点评，到饭店看看菜谱，很容易找到这家的招牌菜。一家饭店，真正好吃的菜就那么几道，其他很多是凑数的，没必要点一桌子不搭界的菜，吃乱七八糟的东西。如果这家的招牌菜都不喜欢，那不去也罢。

2. 以招牌菜为核心主菜，围绕主菜配辅菜。注意荤配素，冷配热，浓配淡。招牌菜如果真的很好吃，多点一盘也无妨。很多饭店的招牌菜，又好又便宜，可以多多捧场。

3. 掌握上菜的速度与节奏。中餐有句行话："一热顶百鲜。"热菜一定不能凉。吃一顿好的，就像听一场音乐会，有起伏，有节奏。你自己按冷热、荤素、浓淡，把上菜的先后顺序，一道道菜标识清楚。

4.菜点好了，可以放大招了。务必非常认真且义正词严地对服务员说："第一，热菜出锅后，立刻送过来，绝对不能凉；第二，按安排好的顺序上菜，绝对不能乱。这两条要求，任何一条做不到，一律退回厨房重做！"

这张要求特殊的菜单，保证会交到厨师长手中。他一定会要求团队打起十二分精神，把这位客人照顾好。最后要是吃得满意，别忘了发些小费给服务员，让她（他）转交厨师长。这样，大家都会很开心。

如何出菜：店家须知

这部分是写给餐饮老板或高管看的。以下大部分要求，如果都能做到，那么恭喜你，已经跑赢大盘了。

1.如果是名厨名店，请在春夏秋冬各拿出一张菜单来，要求全部采用当季食材，而且同样的食材不用两遍，同样的烹饪方法不做两遍。这是一桌高级宴席的基本要求。如果是寻常小店，请在这四季之中各拿出一两道招牌菜。当厨师，开餐厅，这是本分，没有任何理由推托。

2.本讲开篇讲到"提调"，绝大多数客人是不会点菜的，所以我们要向客人提供专业服务。西贝的创始人贾国龙常说："一切围绕菜单。"这是所有餐饮老板必须悉心领悟的至理名言。开餐厅首先要把菜单做清楚。如果菜单是混乱的，这让客人如何点菜？名厨大店更是如此。四季菜单要直接配好，方便客人下单。接待客人的服务员也要认真培训，做好参谋。

3. "产品与产品的故事同等重要。"这话是我说的。你做的四季名菜，总要向客人讲清楚：食材是什么？烹饪是什么？吃法是什么？店家不讲，客人哪里会知道；客人不知道，就算吃得好，也没法向其他人讲清楚。开餐厅最重要的是"口碑"，没有就大打折扣。为了"讲清楚"，店家可以做广告、贴海报，或是当场讲解。总之要不厌其烦，无所不用。

安排一桌宴席，如同指挥一场音乐会，起承转合，抑扬顿挫，高潮迭起。米其林三星的标准是"值得特别安排一趟旅行"，就是要给客人留下一次终生难忘的美好体验，这是餐饮人毕生的追求。

傅师傅之大结局菜单

最后，我把本书提到的各种食材、调味料和酒水饮料，汇编成一张菜单，希望能给大家启发。

宴请的时间，选在丰收的秋天，这是一年之中食材最丰富的季节。此时天气转冷，胃口大开，多吃一点，多喝一点，贴贴秋膘。

迎宾：老陈皮泡普洱茶，台州蜜橘。酸甜可口的新鲜橘子和陈年橘皮的香气对撞，清清嘴，开开胃，预备吃一顿好的。

冷菜八款：本帮烤麸、酸辣白菜、蒜泥木耳、麻酱秋葵、白斩镦鸡、香煎带鱼、潮州鹅头、蜜汁火方。喝绍兴黄酒。有荤有素，有干有湿，软硬兼施，五味杂陈。醇香的黄酒，隐身在后，作为一个背景铺垫，从容不迫，大家风范。

热汤一锅：海派一品锅。这道菜我在"火腿"那一讲中重点讲过。切三刀，能喝到四口不同的汤。明明是火瞳、蹄髈和老母鸡炖出的汤，却有喝一泡好茶的美妙转变。

第一、第二道热菜：清蒸大闸蟹钳和石板烤松茸。喝香槟酒。蟹钳清甜，松茸清香，香槟清纯。希望能够最高限度地"保留与还原"食材的风味，把客人带入广阔的湖泊和幽深的森林。

石板烤松茸

第三、第四道热菜：台湾乌鱼子焗东海大黄鱼，再加天津冬菜猪杂煲。喝白兰地。这两道菜，味道都很浓郁，但各有千秋：前者火爆、干香；后者湿润、鲜美。白兰地酒劲十足，香气丰富，它特有的焦糖味与这两道菜是绝配，完美诠释了食材间的"搭配与平衡"。

这里出一道点心：秃黄油舒芙蕾。喝红茶。味道极其丰富的点心，但又不会吃饱。配一杯红茶，恍若下午茶时间。不急，慢慢来，抽一支烟也无妨。

第五道热菜：泉水豆腐。喝清酒。这里出一个清淡、悠远的组

日本清酒

合，是为了迎接全场的最高峰。

第六道热菜：低温慢煮干式熟成牛排浇黑醋汁。喝红葡萄酒。被"优化与提升"的牛肉，丰腴多汁，一口咬下去，各种复杂的香气绽放出来。红酒解腻，补充更多香气，把味觉体验推向巅峰。

第七道热菜：羊肚菌炒山药片。饮茉莉花茶。从巅峰下到山谷，各种植物的香气和口感交织在一起，无比美妙。

主食：一品锅汤底煮猪油渣荠菜鲜肉馄饨。吃一口主食，极鲜极香。全场临近尾声，胃口大的客人，如果还没有吃饱，可以多吃几个馄饨。中国式的宴会，让客人吃好吃饱，是必须的。

餐后甜品：香草冰激凌撒白松露。全场收尾，香气四溢，沁人心脾。配上威士忌酒或凤凰单丛茶，余香满口，曲终人散。

这是一场凸显优质食材的盛宴。除了味觉和口感的体验，更强调香气的千变万化。傅师傅说过，真正的美食，一大半钱其实是给鼻子享受的。

20 食材是起点，余韵是终点

这是全书结尾，傅师傅的美食观，可以总结为四个要点：

1.优质的食材是美食的基础。原材料不好，就不算是美食。

2.推论有三条：保留与还原、搭配与平衡、提升与优化。它们能使优质的食材转变为美妙的食物。

3.佳肴搭配合适的酒水饮料，组成一桌相得益彰的宴席，才是完美的体验。

4.真正的美食，并不以金钱多少来衡量，需要的是真知、真心、真爱。

另外，我还想讲一则禅宗故事。小和尚问老和尚：

小和尚：您年轻的时候都干些什么呀？

老和尚：砍柴、挑水、做饭。

小和尚：开悟之后，您又干些什么呀？

老和尚：挑水、砍柴、做饭。

小和尚：那又有什么区别呢？

老和尚：年轻时，我砍柴的时候想着挑水，挑水的时候想着做饭，做饭的时候想着砍柴。现在，我砍柴的时候就砍柴，挑水的时候就挑水，做饭的时候就做饭。

老和尚的意思是，开悟之人专注于当下、此刻，一心不二用、不多用。你一边吃东西，一边刷手机，肯定会错过很多美味。鉴赏美食，在心态上，应该专心致志；在行为上，应该细嚼慢咽。

"小南国"的创始人王慧敏曾教我一个鉴别食物质量的方法："把一口食物放在嘴里反复咀嚼，直到全部化成水，感觉不到一点残渣。"真正优质的食材，咀嚼到最后，还是有滋有味；而普通的食材，嚼几下，调料味散去后，就寡淡无味了。

科技与狠活做出来的食物，与优质原材料做出来的食物相比，滋味正好是相反的。前者，上口强烈，中段寡淡，回味苦涩；后者，上口纯净，中段丰富，回味甘甜。你回忆一下，快餐店里的炸鸡块和大饭店里的白切鸡，是否就是这样的差别。

美国纪录片《食品帝国》揭露了食品工业许多不为人知的内幕，令人不寒而栗。全球顶尖美食作家迈克尔·波伦教授在影片里说：超市的食品是没有四季之分的，它们不是来自"田园牧歌"般的生产环境，而是来自大规模、工业化的生产流水线。

工业社会不仅生产食品，还生产各种调味料和添加剂，这些"宝贝"被餐饮行业广泛使用。很多现代餐厅用廉价的食材和简单的工艺就能做出大量"劲爆"的美味，吸引大量消费者，获取高额利润。

"科技与狠活"做出来的食品和菜肴外观往往很诱人。第一口咬上去，味道强烈，香气浓郁，但多嚼几下就没味儿了。吃完之后，回味既苦又酸，而且让人口渴。原因很简单，所谓的"劲爆"，来自各种"添加"，而不是食材"本身"：出来混总是要还的，最后就都"给你颜色看了"。

优质食材做出的美食，上口的感觉纯净、清淡，很快就开始有丰富的变化，滋味、质地和香气交替呈现，层次分明。古人说"大味若淡"，不是没有味道，而是调味要淡。唯有如此，食材本来的风味才会显现出来。这种美食对应的另一个词是"举重若轻"。

真正好的材料，倘若料理得法，吃过以后感觉非常美好：香气袅袅，回甘生津，嘴巴里不由自主分泌出的唾液是大脑在提醒你："嗯，好东西啊，赶紧多吃点！"

英文的美食评论经常用到"Aftertaste"这个词，直译是"后味、回味"，但这个译法只有味道，没有香气。相较之下，我觉得"余韵"更好。余韵是一种感觉，它不特指一道菜，而是指向一餐饭——甚至不仅是这餐饭吃喝了什么，更是指向当时的氛围。

青菜豆腐大米饭，如果真做好了，全家人在一起，安安静静地吃一顿家常饭。我觉得这是最有余韵的美食。

大约十年前，我在香港时，有位大佬请我吃午饭。他拿出一大罐伊朗 Beluga 鲟鱼子酱，我狠赞好吃。他说："还有一罐，送你得了。"我当即改机票，下午飞回上海，约沈宏非当晚就吃这罐鱼子酱。

沈爷请名豪餐厅的伍董做了一餐，搭配这罐鱼子酱。我们仨吃完这一餐，到了第二天上午，沈爷打电话过来说："这罐鱼子酱真好，起床刷过牙，牙缝里还有味道。"我赶紧咂巴咂巴嘴，是哦，竟然还有咸鲜味和奶油味！

鱼子酱

林贞标是汕头茶痴。标哥最懂凤凰单丛茶，他有一款"只给你喝，但绝对不会卖给你的凤凰单丛老八仙"。2019年3月某天，他带了这茶来上海，我早晨6点半去他住的酒店，我俩把这茶泡了十几遍，喝好喝够，才出去吃早餐。

早餐我们吃了东泰祥的鲜肉和虾肉生煎，荠菜大馄饨和鲜肉小馄饨，外加洋葱油拌面；富春的鲜肉和虾肉小笼包、鸡鸭血汤、牛肉粉丝汤和面筋百叶双档汤，然后分手回家。回家后，我抽了一支陈年帕塔嘎斯 D4 雪茄，还睡了个午觉。一觉醒来，老八仙的香气居然还在鼻息之间萦绕，飘飘欲仙。

这两个余韵的故事，听起来有点玄学，但确确实实，真真切切。如果想真的懂美食，我觉得有三道关要过：

第一关，材料。很多优质的食材，都是在特定的地区、特定的时间，由特定的人或种或养或捕而来。要遇到最好的食材，往往要凭运气。例如，2022 年是大闸蟹的小年，在这一年，即便你吃到当年最好的大闸蟹，也远远不是最好的。

第二关，料理。即便有最好的材料，如果不会料理，也不能吃到真味。我曾经请顶级粤菜大厨做大闸蟹宴，最终的呈现，差了不止一口气。倒不是大厨技术水平不高，而是广东人不懂大闸蟹真正好在哪里。

第三关，行家。有好材料、好料理，但如果没有行家带领，你还是不会懂得究竟好在哪里。这不能算是白吃，但肯定是瞎吃。就像沈爷如果不打电话过来提醒，我就很难留意到上等鱼子酱的余韵，竟然有那么长久。

作为行家，我要继续探究：我最爱的余韵，究竟来自哪里？

首先来自优质食材本身。清蒸一条黄脚立[1]，它那又鲜又甜的顶级鱼味，天生自带。其次来自各种食材和调料之间的搭配。腌笃鲜

1　即黄鳍鲷，因腹鳍和臀鳍皆为黄色，所以称作"黄脚立"。

的咸鲜味，来自猪肉和春笋的叠加。最后，也就是最高级、最持久的余韵，是由食材发酵而成。

发酵，是经由微生物作用来转化食物。这些微生物集合形成的酵素，把淀粉中的葡萄糖和蛋白质中的氨基酸，分解成小分子的单糖和游离氨基酸，能让人类更容易感知到这"甜和鲜"的味道。

当然，发酵的实际对象和过程，远远比上述要多样与复杂。陈年的酒、茶和雪茄能产生翻天覆地的风味变化，其中最突出的是香气，这本质上就是一种发酵。

丹麦有一家餐厅叫"NOMA"，先后荣获 4 届"世界最佳餐厅"奖。它的创办人瑞内·雷泽比曾说："人们一直把我的餐厅与野味及其采集画上等号，但其实，NOMA 最重要的支柱是发酵。"他在其专著《NOMA 发酵实验》中也表达了类似的观点："没有发酵，就没有泡菜，就没有面包，就没有乳酪，就没有啤酒，就没有葡萄酒，就没有酱油，就没有腌鲱鱼……没有发酵，就没有 NOMA。"

这位大神还指出："在 NOMA，发酵并不是用来提供某种特定口味，而是用来改良所有的风味。"这段话，回答了我心中的疑问：为什么 NOMA 的菜肴，余韵总是那般独特，别家谁也做不到？因为在驾驭菌群这个核心技术上，NOMA 实在是变化多端，外人几乎不可能抄袭和模仿。

引发发酵的"菌种"，中文中常称为"酵母"，而英文为"Culture"，竟然与"文化"是同一个词。文化是人类学研究的核心，指人类改造自然过程中形成的物质文明与精神文明的成果总和。追溯各地、各民族文化的起源，星星点点的文明之光，最终蔚为大观，这与发酵的过程何其相似，几乎同构。

在我自创的这套理论体系中，原材料好是美食鉴赏的基础；反过来说，但凡原材料不好，就不能算是美食。这里的美食是一个更广义的概念，包括好酒、好茶和好烟（雪茄）。

优质原材料经过发酵形成的特殊风味，我称之为余韵，这是我们享受美食的终极体验，需要精心养护以及耐心等待。某种程度上说，这是时间的玫瑰，所以我也常常说自己是"过期食品爱好者"。

第一口，好吃。

我就：嗯……

吃完以后，还有余韵。

我就再：嗯……

这一刻，完美了。

傅骏（@傅师傅）

1966 年出生在上海市静安区中心医院，之后的学习、工作和生活经历主要在上海和北京。早年从事文化人类学研究，1992 年入职 4A 国际广告公司，曾是最年轻的中国籍总经理。2002 年创办丰收蟹庄，以发明大闸蟹礼券和开创秃黄油产品而闻名业界。2018 年，出任上海海派菜文化研究院院长。

2023 年 10 月，微信视频号"傅师傅来了"开通，6 个月后播放 2000 万，粉丝 20 万。欢迎关注，与我互动，谢谢。

美食鉴赏 20 讲

作者 _ 傅骏

产品经理 _ 周语　　内文设计 _ 朱凤婷　　装帧设计 _ 何月婷　　封面插画 _ 李津

产品总监 _ 周语　　技术编辑 _ 顾逸飞　　责任印制 _ 杨景依　　出品人 _ 吴涛

营销团队 _ 果麦文化营销与品牌部

果麦
www.guomai.cn

以 微 小 的 力 量 推 动 文 明

图书在版编目（CIP）数据

美食鉴赏 20 讲 / 傅骏著 . —— 南京：江苏凤凰文艺出版社 , 2024.6

ISBN 978-7-5594-8498-7

Ⅰ . ①美… Ⅱ . ①傅… Ⅲ . ①饮食 – 文化 – 中国 Ⅳ . ① TS971.202

中国国家版本馆 CIP 数据核字（2024）第 043721 号

美食鉴赏 20 讲

傅骏 著

出 版 人	张在健	
责任编辑	白　涵	
特约编辑	周　语	
出版发行	江苏凤凰文艺出版社	
	南京市中央路 165 号，邮编：210009	
网　　址	http://www.jswenyi.com	
印　　刷	天津市豪迈印务有限公司	
开　　本	890 毫米 ×1280 毫米　1/32	
印　　张	5.25	
字　　数	107 千字	
版　　次	2024 年 6 月第 1 版	
印　　次	2024 年 6 月第 1 次印刷	
印　　数	1 — 5,000	
书　　号	ISBN 978-7-5594-8498-7	
定　　价	88.00 元	

江苏凤凰文艺版图书凡印刷、装订错误，可向出版社调换，联系电话：025-83280257